Lucas von Gwinner · Dirk von Gehlen

Lucas von Gwinner
Dirk von Gehlen

MACHT MARKE

ORIENTIERUNG · SINN · VERTRAUEN

Wie Kreative Zukunft gestalten

verlag hermann schmidt

Einführung

Wirkung

Identität

Öffentlichkeit

Kommunikation

Transformation

Jetzt: Macht!

Vorwort

Lieber Lucas von Gwinner,
lieber Dirk von Gehlen,

das Buch, das Sie hier vorlegen, hätte ich mir gewünscht, als ich vor ziemlich genau 32 Jahren gemeinsam mit Bertram die ambitionierte und vielleicht verrückte Idee ausbrütete, aus seiner Kompetenz für Typografie und unserer Leidenschaft fürs schöne Buch einen Verlag zu machen. Heute weiß ich: Die Chancen standen sehr hoch gegen uns. Damals hatten wir einfach einen Traum.

Wenn ein Traum wahr werden soll, muss man etwas dafür tun, dachte ich, und schrieb mit Anfang 30 Menschen an, die Marken führten, die mich faszinierten. Ich bat um eine Stunde ihrer Zeit und reiste zu Rolf Fehlbaum bei Vitra und zu anderen tollen Markenmacher:innen, die mir diese Stunde gaben.

Etliche Jahre später stellte ich an einem kalten Winterabend in einer Münchner Buchhandlung den Verlag vor, der allen Widrigkeiten zum Trotz eine Marke am Werden war. Vor dem Fenster sammelten sich Menschen, die drinnen keinen Platz fanden. Sie hofften, nach dem Vortrag, wenn die Stühle weggeräumt wären, reinkommen zu dürfen. Drinnen saß ein junger Kreativer mit leuchtenden Augen und lauschte. Nach dem Vortrag sprachen wir. Lange. Sehr lange.

Vor ziemlich genau drei Jahren bat dieser Markenmacher, dessen Expertise meine längst in den Schatten stellte, dann trotz dieser Verbindung einen Verlegerfreund, mir ein Buchkonzept zuzuspielen, den Titel »Macht Marke«. Danke an dieser Stelle an Carlo Günther, den Postillon der Buchideen! Natürlich bekam ich Herzklopfen …

Dirk von Gehlen kannte ich nicht persönlich, dafür umso mehr aus bewundernder Distanz. Unser erstes Treffen fand bei italienischem Essen statt. Wir philosophierten über Marke als Leuchtturm, als wahrscheinlich wichtigstes Instrument der Orientierung in Zeiten, in denen Gewissheiten wanken und Überforderungsbewältigungskompetenz erfolgsentscheidend ist für Menschen, die führen und Kreative, die sie beratend begleiten.

Ziemlich genau 32 Monate nach diesem Abend liegt nun »Macht Marke« vor Ihnen und ich möchte Danke sagen.

Für ein Miteinander immer auf Augenhöhe. Für gute Diskurse und manches Ringen um Worte. »Ungeheuerlich« durfte ich nicht streichen, dafür haben Sie viele Runden meines strengen Lektorats kritikoffen und engagiert angenommen. Dennoch blieb es immer Ihr Buch. Ihr Drive bildet den roten Faden, Ihre Erfahrung den Nährboden. Ich durfte lernen, fragen und hinterfragen.

Ich glaube, der Prozess der Entstehung dieses Buches ist dem Prozess der Markenbildung gar nicht unähnlich. Den Kern herausarbeiten und schleifen. Überflüssiges weglassen mit Mut zum »Nein«.

Wenn ich Ihrem Text noch einen Gedanken voranstellen darf: Miteinander arbeiten kann beglücken, wenn Respekt und Anerkennung, Neugier und Offenheit die Arbeit bestimmen. Die Zusammenarbeit mit Ihnen war eine reine Freude! Fast ist es schade, dass dieses Buch jetzt fertig ist.

Umso mehr wünsche ich Ihnen, liebe Leserin, lieber Leser, viel Freude und gerne ein bisschen Herzklopfen beim Lesen. Ich verspreche: Sie sind in besten Händen!

Herzlich Karin Schmidt-Friderichs
Mainz, im Oktober 2024

Zehn Leitsätze für Markenmacher:innen

→ Wer Marke macht, dem begegnen manche Herausforderungen immer und immer wieder. Für diesen Zweck haben wir uns über die Jahre zehn Leitsätze als Handwerkszeug zurechtgelegt. Sie helfen uns, in der täglichen Arbeit nie den Fokus auf die Marke zu verlieren. Sie gelten generell und entziehen sich jeder Gliederung, darum haben wir sie auf grünen Seiten wie dieser quer durch das ganze Buch verteilt.

Macht Marke
Einführung

Dieses Buch ist ein Appell

»Macht Marke« ist eine Aufforderung. Denn das Phänomen Marke ist eine Macht. Und Marke können, nein sollten wir alle machen. In diesem Buch beschreiben wir beides: die Macht und das Machen von Marke. Du kannst es als Beitrag zu Medienkompetenz lesen, denn wer die Macht der Marke kennt, versteht öffentliche Kommunikation besser. Oder du liest es als Anleitung zum Handwerk der Markenbildung für kleine und große Projekte, Institutionen oder Unternehmungen. Dem Phänomen Marke ist egal, ob du einem Konzern Struktur oder deiner persönlichen Positionierung Auftrieb geben willst: Es funktioniert beides. Sie ist das Werkzeug der Kreativen, um Unternehmungen nicht einfach zu verwalten, sondern ihre Zukunft aktiv zu gestalten. Marke ist die entscheidende Zutat, um Ideen erfolgreich und groß zu machen. Das ist möglich, weil Marke nicht zufällig entsteht, sondern einer immer gleichen Logik folgt. Einer Logik, die unverändert gültig ist, trotz des gewaltigen Wandels, den Öffentlichkeit im 21. Jahrhundert vollzieht. Wenn du diese Superkraft für dein Vorhaben nutzen möchtest, bist du hier richtig.

Marke machen ist ein Handwerk und keine Wissenschaft. Deshalb erwartet dich hier keine akademische Abhandlung, sondern eine alltagstaugliche Einführung in den Werkzeugkasten der Markenführung. Geschrieben von zwei Experten für die Themen Marke und Öffentlichkeit, die ihre Erfahrung aus unzähligen Praxis-Projekten hier bündeln, um dich bei der Markenarbeit zu unterstützen – ganz gleich, ob du selbst Marke machst oder als Beraterin oder Kreativer Markenmacherinnen und -macher begleitest.

Für Lucas von Gwinner ist »Marke machen« seit über zwanzig Jahren Alltag. Schon parallel zur Schule jobbte er in Agenturen und arbeitete anschließend 15 Jahre als Berater daran, für Weltkonzerne, Mittelständler, gesellschaftliche Initiativen und ambitionierte Start-ups Wirkung zu entfalten – von der ehrgeizigen Strategie bis zu den operativen

Wirkung entsteht aus Konsequenz.

→ Der Sache treu bleiben ist der eine beste Ratschlag für jede:n, der/die eine Unternehmung voranbringen will.

Macht Marke Wirkung

Marke ist mächtig. Aber ist das schon immer so? Woher kommt diese Wirkung eigentlich? Welche Mechanismen lassen Marken entstehen und wie funktionieren die genau? Wer ist eigentlich dafür zuständig, dass die immer gut geschmiert laufen? Was lässt sich mit dieser Macht der Marke alles bewirken?

In diesem ersten Teil des Buches widmen wir uns der Frage, was Marke für jede Art von Unternehmung so wertvoll macht. Und das ist: ihre erstaunliche Wirkung. Dabei begegnen wir Albrecht Dürer und Karl Marx, einem Glas Wasser, einer immergleichen Logik und talentierten Kuchenbäcker:innen sowie jedem und jeder Mitarbeiter:in einer Unternehmung und einer Menge guter Ideen.

Die nächsten Seiten werden also genau das, was auch starke Marken ausmacht: ein Erlebnis.

Marke war, ist und bleibt aktuell

Beginnen wir mit einem kurzen Blick zurück: Marke wirkt und das nicht erst seit gestern. Seit wann genau ist gar nicht so leicht zu sagen. Fängt man da bei den Bauern an, die ihr Vieh brandmarkten? Oder bei den Religionen, die schon früh ihre Ideen mit immer selbstähnlicher Symbolik präsentierten? Allein die christlichen Kirchen begannen schon vor vielen Jahrhunderten, jede Menge beeindruckende »Showrooms« in die Lande zu stellen, um dort ihre Botschaft zu verbreiten. Das klingt vielleicht flapsig, aber klar ist: Seine Leistung zu markieren und mit typischen Merkmalen erlebbar zu machen und von anderen Angeboten abzugrenzen, ist eine Kulturtechnik, die keinesfalls neu ist. Es gibt unzählige Beispiele von Unternehmer:innen, die diese Mechanik für sich genutzt haben. Hier ein besonders schönes aus dem Fränkischen: Um das Jahr 1500 lebte dort ein Mann, der so systematisch und erfolgreich Markenbildung für sich und seine Unternehmung betrieb, dass er bis heute weltweit bekannt ist. Die Rede ist von Albrecht Dürer. Er verstand sich nicht nur als Maler, sondern als Unternehmer seiner selbst. Schon früh inszenierte er sich, zum Beispiel, indem er Selbstportraits anfertigte – was zu seiner Zeit eher unüblich war. Unter seine Bilder setzte er sein berühmtes Monogram, das heutigen Logos in nichts nachsteht. Doch nicht nur formal, auch inhaltlich war er klar positioniert. Er verfolgte die Idee, dass Schönheit messbar sei und erstellte jahrzehntelang Studien zur sogenannten Metrisierung des menschlichen Körpers. Er nutzte die Vorteile der Massenproduktion und produzierte nicht nur einzelne Werke, sondern ließ seine Motive in eigenen Werkstätten systematisch reproduzieren. Er spannte ein Vertriebsnetz über ganz Europa und passte seinen Auftritt je nach Zielgruppe an: In Franken stellte er sich als *der* Nürnberger vor, in Deutschland als *der* Süddeutsche und im Ausland als *der* Deutsche. Schon früh wurde er kopiert und wehrte sich dagegen: »Wehe dir, Betrüger und Dieb von fremder Arbeitsleistung und Einfällen, lass es dir nicht einfallen, deine dreisten Hände an mein

Werk zu legen. Sei versichert, dass du nach Konfiskation deines Besitzes mit der schärfsten Strafe rechnen musst.« Über 500 Jahre später kennen wir Albrecht Dürer noch immer. Dass er Zeit seines Lebens sehr bewusst an seinem Image arbeitete, lässt sich nicht bestreiten – Lucas' alte Kolleg:innen von Interbrand haben ein tolles Video dazu gemacht; einfach auf YouTube nach »Dürer Interbrand« suchen.

Und es gibt natürlich noch mehr vermeintlich Unverdächtige, die sich mit dem Phänomen der Wirkung von Marke beschäftigt haben. Einer, den Lucas gern zitiert, wenn er es mit besonders aufgeklärt-kritischem Publikum zu tun hat, ist Karl Marx. Der beschreibt bereits im ersten Band seines Werkes *Das Kapital* das Prinzip Marke als die »Aura des Produktes«. Er bemerkt, dass der Gebrauchswert einer Ware zwar kein Mysterium darstellt, wohl aber der Auftritt einer Ware, bei der sich diese in ein »sinnlich übersinnliches Ding« verwandelt. Marx kam zu diesem Schluss, weil seine Frau ihre Kleider immer in einem ganz bestimmten Geschäft kaufte, obwohl sie die gleichen Kleider im gleichen Schnitt mit identischen Stoffen und Farben in anderen Läden hätte billiger kaufen können. Einem Rationalisten und Kapitalismusgegner wie Karl Marx muss das ein Dorn im Auge gewesen sein, auch wenn er selbst statt normaler Zigarren Havannas bevorzugte – trotz ihres horrenden Preises (so beschrieben bei Brandmeyer/Deichsel, 1991).

Marke ist dein guter Ruf

Das Amt der Europäischen Union für geistiges Eigentum sagt: Marken sind Zeichen, die im Handelsverkehr verwendet werden, um Produkte zu kennzeichnen. Kund:innen erkennen Unternehmungen an der Marke. Und sie treffen Entscheidungen aufgrund der Marke. Marke hebt ein Angebot vom Wettbewerb ab. Wer es genauer haben will, wühlt sich durch die zahlreichen Markendefinitionen der Wissenschaft. Stellvertretend für viele andere ähnlich lautende Formulierungen sei hier die in deutschen Hörsälen für lange Zeit populärste Definition von Prof. Franz-Rudolf Esch genannt: »Marken sind Vorstellungsbilder in den Köpfen der Konsument:innen, die eine Identifikations- und Differenzierungsfunktion übernehmen und das Wahlverhalten prägen.« Für den alltäglichen Umgang empfehlen wir, es handlicher auszudrücken: Menschen entscheiden sich für Angebote mit gutem Ruf. Dieser gute Ruf – das ist die Marke.

Auf den guten Ruf zu hören, bringt Nutzer:innen viele Vorteile. Er bietet Orientierung, stiftet Vertrauen, ermöglicht Identifikation und Differenzierung, schafft Effizienz und Kontinuität. Sich an Angebote mit gutem Ruf zu halten, vereinfacht Menschen ihre Entscheidungen. Uns auf die Summe unserer Eindrücke zu verlassen lohnt sich, denn es ist weit weniger anstrengend, als jedes Mal von vorn mit dem Sammeln von Informationen zu beginnen. Sich an den guten Ruf zu halten, erweist sich in aller Regel als richtig, darum verlassen sich Menschen so gern darauf.

Wir wählen die Definition, Marke als den guten Ruf zu beschreiben, weil sie im Alltag einer Unternehmung immer wieder daran erinnert, worum es eigentlich geht. Denn Markenmacher:innen werden ja fortlaufend dazu verleitet, sich in Details zu verlieren. Etwa wenn sie Marktforschungsergebnisse studieren, sich in die tiefsten Tiefen von Nutzungsdaten hinab begeben und Personas und Wirkungsindikatoren zusammenschrauben, um möglichst objektiv und unangreifbar Optimierungspotenziale für das Auftreten der eigenen Unternehmung herauszutrüffeln. Doch so richtig es auch ist, genau hinzuschauen, keine vorschnellen Annahmen zu treffen und möglichst durchdacht vorzugehen, heißt Marke machen etwas ganz Schlichtes: den Ruf des Angebots zu verbessern und zu verstetigen.

Dieser Ruf setzt sich aus vielen Bestandteilen zusammen. Einige davon lassen sich beeinflussen, andere nicht. Beginnen wir mit dem, was anders als Image oder Markt-Meinung voll und ganz im Einflussbereich einer Unternehmung liegt: der Kern der Leistung. Denn für die Macht-Marke-Mechanik beginnt Markenarbeit genau dort.

Die immer gleiche Logik der Marke

Hört man Expert:innen beim Fachsimpeln zu, wird Marke machen schnell zu einem unüberschaubaren Komplex – inklusive immer neuer Spezialgebiete wie Employer Branding, Digital Brand Building, Branded Packaging, Naming und Claiming oder all den Facetten der Marke, die noch nicht erfunden wurden. Wir schreiben dieses Buch auch, um daran zu erinnern: Im Kern ist Marke ganz einfach. Egal, unter welchem Begriff sie bearbeitet wird: Sie funktioniert immer gleich. Egal, ob man nun ein Bäcker ist, eine Bank, eine selbstständige Designerin oder ein Start-up mit großartigem Software-as-a-Service-Produkt. Ob man in seinem Bereich zu einer starken Marke wird, ist nicht das Ergebnis von Zufall oder Glück, sondern folgt einer immer gleichen Logik. Einer Logik, die jede Unternehmung nutzen kann.

Der gute Ruf treibt die Nutzung des Angebots. Das ist so trivial, dass es sich lohnt, sich im Arbeitsalltag immer mal wieder zu vergegenwärtigen, wie simpel die Aufgabe lautet, der man sich mit der Markenarbeit stellt: den guten Ruf einer Unternehmung bei ihrer Zielgruppe so stetig wie möglich erlebbar zu machen und zu verankern. Es erdet enorm, sich gegenseitig immer wieder daran zu erinnern.

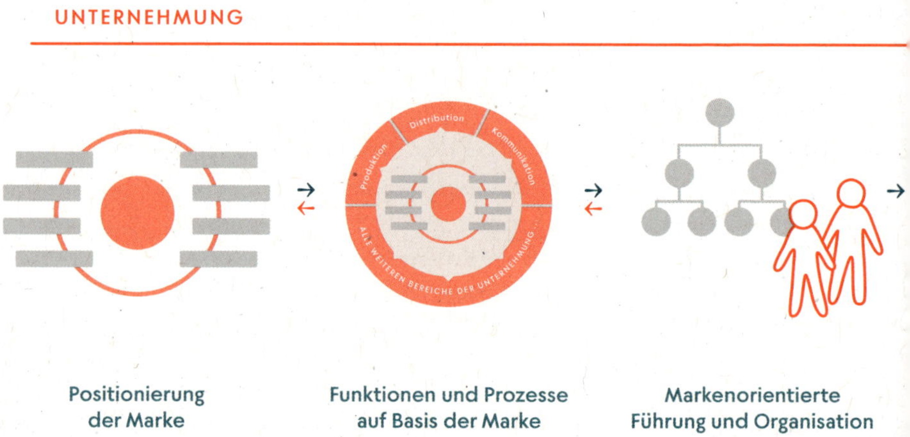

Dieser Ablauf lässt sich → von links nach rechts ebenso wie auch umgekehrt ← lesen.

Das Wirkprinzip der Marke lässt sich gut in seine Bestandteile zerlegen und in einer zusammenhängenden Grafik aufzeichnen. Das ist hilfreich, um die Abhängigkeiten dieser Systematik besser nachzuvollziehen. Die Marke wirkt einerseits auf die Unternehmung, in der sie gemacht wird. Und andererseits auf den Markt, in dem sie sich bewegt. Ganz rechts notieren wir das Ziel, das jede Unternehmung haben dürfte: die Nutzung ihres Angebots.

Damit Nutzer:innen sich für das Angebot einer bestimmten Unternehmung entscheiden, müssen sie es kennen und für ihren Zweck für geeignet halten. Dafür machen sie sich auf die Suche und sammeln Eindrücke. Mal mehr und mal weniger bewusst, mal mehr und mal weniger intensiv. Alles, was sie auf dieser Suche erleben, beeinflusst ihre Entscheidung. Sie machen sich ein Bild von den unterschiedlichen Angeboten, sie entwickeln einen Eindruck davon, welchen Ruf die jeweiligen Anbieter haben.

Der Eindruck, den Menschen von einer Marke haben, bildet sich aus allem, wie und wo sich eine Marke ausdrückt. Jeder Kontakt mit einer Marke ist ein kleines Erlebnis, das einen Mosaikstein zum Gesamtbild hinzufügt. Je konsistenter und überzeugender diese Erlebnisse sind, desto besser wird der Ruf, den Nutzer:innen einer Marke zuschreiben. Und je besser der Ruf ist, desto stärker ist die Marke und desto größer wird die Nachfrage nach dem Angebot. Womit wir wieder beim Ziel

wären: Die Nutzung des Angebots steigern bzw. festigen. Und ja, natürlich sind das keine exakten Währungen: der gute Ruf und die höhere Nachfrage. Für jede Unternehmung kann das im Detail etwas anderes bedeuten. Aber das Prinzip bleibt gleich. Egal, ob es um Schokoriegel oder Kreditverträge geht. Der gute Ruf treibt die Nutzung. Und genau diese Wirkung wollen alle Unternehmungen erzielen, die Marke machen.

Daraus folgt für Unternehmungen die Frage: Wie lässt sich der Ruf verbessern? Unsere Antwort: mit überzeugenden Erlebnissen. Denn das ist ihre Aufgabe: Unternehmungen müssen konsistente und typische Erlebnisse schaffen, um ihre Marke zum Erfolg zu führen. Jeder einzelne Kontakt mit dem Angebot soll die Nutzer:innen von der Marke begeistern. Und wer erschafft diese Erlebnisse mit deiner Marke? Genau: deine Unternehmung – also alle, die in ihr und für sie arbeiten. Und dazu auch noch in jedem Bereich. Es geht also längst nicht nur um Marketing-Kommunikation – um gleich mit einem der häufigsten Missverständnisse des Markemachens aufzuräumen. Wie eine Marke aussieht und worüber sie spricht, ist wichtig, aber ob sie auch das leistet, was sie sagt, wie sie berät, ob alles funktioniert und ob sie pünktlich liefert, ist mindestens ebenso wichtig. Die gute Nachricht ist: Eine Unternehmung hat all das selbst in der Hand. Das Markenerlebnis kreieren keine fremden Leute an irgendwelchen fernen Orten, sondern einzig und allein die Mitarbeiter:innen der Unternehmung selbst. Jede und jeder Einzelne ist (mit) zuständig für das Markenerlebnis an einem oder mehreren Kontaktpunkten. Spätestens hier dämmert einem auch schon die enorme Herausforderung: Marke machen heißt, jede und jeder in der Unternehmung weiß für ihren bzw. seinen Arbeitsbereich genau was zu tun ist, um die Marke erlebbar zu machen. Denn um bei den Nutzer:innen für einen möglichst konsistenten Eindruck zu sorgen, gilt es, alle Funktionen und Prozesse der Organisation gemäß den Vorgaben der Marke zu »fokussieren, homogenisieren und penetrieren« – wie es der Schweizer Markenpionier Jörg Zintzmeyer stets formulierte. Wir brauchen also klare Vorgaben der Marke und müssen dafür sorgen, dass alle in der Unternehmung sie kennen. Wir nennen das die strategische Positionierung der Marke. Du kannst diese auch Profil, Idee, Leitbild, Vision, Mission, unseretwegen sogar North Star oder gar Purpose nennen. Es ist stets der Versuch, in wenigen Worten festzuhalten, was die zentrale Leistung der Marke sein soll und in welcher Welt sie sich bewegt.

Entscheidungshelfer Marke

Nehmen wir an, ein Mensch hat Durst. Zwei Gläser stehen auf dem Tisch. Beide gefüllt mit Wasser. Für welches entscheidet sie oder er sich? *»Tja. Die sehen ziemlich gleich aus. Wie soll man da entscheiden: Kommt das Wasser aus derselben Quelle? Kenn ich die? Weiß ich etwas darüber? Und was ist genau drin im Wasser? Vielleicht sollte ich erst mal beide kosten und dann… ach, es ist nur Wasser. Muss man sich da einen Kopf machen. Ich nehm das Linke.«*

Welches Wasser würdest du lieber trinken?

Der Wassertest zeigt, welche Entscheidungen jeder Mensch laufend trifft. Über Wichtiges und weniger Wichtiges. Mal mehr und mal weniger bewusst. Die Wassergläser lassen sich problemlos durch andere Produkte ersetzen: Staubsauger (Sind die nicht eh alle gleich?), Kaffeebohnen (Oh, da gibt es große Unterschiede!) oder das Abo für dieses neue Online-Ratgeber-Service-Tool (Hä, was'n das?). Die Anbieter:innen geben sich große Mühe mit ihrem Angebot. Entwicklung, Beschaffung, Herstellung, Bereitstellung und so weiter. Das tun sie, um die Entscheidung der Menschen zu beeinflussen: möglichst zugunsten ihres Angebotes. Und die Menschen: haben in aller Regel keine Ahnung. Selbst wenn sie glauben, sie wären im Thema. Also suchen sie nach Informationen, die orientieren und nach Anhaltspunkten, die vertrauenswürdig erscheinen. Dinge, die es ermöglichen, das Angebot von anderen zu unterscheiden oder sich sogar damit zu identifizieren. So ermitteln sie die Eigenschaften des Angebots und den Kontext, aus dem es kommt. So werden sie sich sicher. Oft geht das in Millisekunden, manchmal dauert, es Tage. Und dann entscheiden sie.

Marken helfen bei Entscheidungen. Sie vereinfachen es, bestimmte angenommene oder zugeschriebene Qualitäten schnell zu erkennen. Die jedes Mal aufs Neue zu recherchieren, würde total überfordern. Darum hören Menschen auf den guten Ruf eines Angebots: auf die Marke. Die erkennt man daran, dass man sie erkennt. Marken sind es, die Menschen Orientierung geben, Vertrauen schaffen, Differenzierung ermöglichen und bestenfalls sogar Identifikation stiften.

Und jetzt?

Kommen wir nochmal zu den Wassergläsern. Sie stehen noch immer auf dem Tisch. Doch neben dem einen steht nun eine Karaffe mit Leitungswasser. Und neben dem anderen eine Flasche Acqua Panna von San Pellegrino. Welches Wasser würde unsere Testperson jetzt lieber trinken? Wie würde sie sich jetzt entscheiden?

Deutsches Leitungswasser hat einen exzellenten Ruf. Es ist sauber, günstig, überall verfügbar und schmeckt in der Regel neutral. Darum gilt es hierzulande als gute Wahl. Und es zeigt auch, wie wichtig der Kontext ist, denn in Kalifornien würde man einen Krug »tap water« vermutlich mit deutlichem Chlorgeschmack assoziieren. San Pellegrino hingegen, das ist bekannt, ist italienisches Mineralwasser. Es gilt gar als einer der ersten Markenartikel für Wasser. Vor über 700 Jahren wurde er bereits erwähnt, erste Qualitätsanalysen machte man bereits 1782 und spätestens seit 1908 wird das Wasser weltweit vertrieben. Es ist ein etwas teureres, sogenanntes Fine-Dining-Wasser, das seit 1997 zum Nestlé-Konzern gehört. Und für viele Deutsche ist San Pellegrino auch mit Erinnerungen an italienische Kulinarik und Urlaubsgefühl verbunden. Das alles weiß vielleicht nicht jede:r, aber doch erstaunlich viel davon.

Die meisten dieser Informationen sind Menschen sofort präsent, sobald wir die Karaffe und die Flasche neben die Gläser stellen. Sie erkennen die Marken und können ihre gesammelten Erfahrungen dazu abrufen. So sind ihnen die Marken eine willkommene Hilfe bei der Entscheidungsfindung. Sie mussten nicht erst die Angebote untersuchen und differenzieren, denn sie konnten auf bereits gemachte Erfahrungen zurückgreifen und wussten im Bruchteil einer Sekunde, zu welchem Wasser sie greifen möchten.

Wenn Unternehmungen an ihrer Marke arbeiten, geht es genau darum: Den Nutzer:innen die Entscheidung für (und möglichst nicht gegen) das eigene Angebot so leicht und klar wie möglich zu machen. Das ist die Aufgabe der Markenarbeit – egal, um welches konkrete Angebot es geht.

»Alle« sind keine Zielgruppe

Das Angebot einer Unternehmung richtet sich nie an alle, sondern stets nur an eine oder manchmal auch mehrere bestimmte Gruppen. In der Praxis wird das oft angezweifelt. »Wir wollen ein Angebot für alle sein?« hören wir immer und immer wieder. Aber wer es allen recht machen will, wird niemanden begeistern. Nichts spricht dagegen, das Sortiment so aufzufächern, dass vom Einsteiger- bis zum Super-Premiumangebot für jeden Geldbeutel etwas dabei ist. Nur sollte das nicht auf Kosten des Kerns der Leistung geschehen.

Beispielsweise sollte eine Bäckerei, deren Leistungskern Handwerk aus regionalen Zutaten ist, sich fragen, ob die günstigen Aufback-Semmeln aus zugekauften Teiglingen das Sortiment tatsächlich glaubwürdig nach unten erweitern – oder ob sie damit nicht eher das Vertrauen bei ihrer eigentlichen Zielgruppe verspielt. Auch das Mantra der Kund:innenzufriedenheit verleitet Unternehmungen oft zur Gleichmacherei. Mit dem Ergebnis, letztlich ein gesichtsloses Angebot zu bieten, das sich nur noch durch Verfügbarkeit und Preis vom Wettbewerb unterscheidet. Business-Hotels kämpfen stark mit diesem Problem: Sie haben in endlosen Befragungen und Fokusgruppen so detailliert durchleuchtet, was der durchschnittliche Übernachtungsgast wünscht, dass die Unterschiede zwischen Marriott, Mercure, Hyatt, nh Hotel, ibis oder wie auch immer sie heißen mögen systematisch marginalisiert wurden. Wenn sich am Ende eh jedes Hotelzimmer gleicht, dann ist auch egal, wer es betreibt. Hotelketten wie Motel One zeigen, dass es anders geht. Ihnen ist es gelungen, durch konsequenten Fokus und Typik eine Zielgruppe zu gewinnen, die sich bewusst für ihr Angebot entscheidet – weil sie es ohnehin für das preiswürdigste hält, meist noch bevor sie beginnt, Preise zu vergleichen.

Gib dich also nicht damit zufrieden, die Frage »Wen wollen wir erreichen?« mit »möglichst alle« zu beantworten. Denn es ist wichtig, seine Zielgruppe genau zu kennen und beschreiben zu können, um das eigene Angebot optimal auszugestalten.

Seite 138 ← Im Kapitel »Kommunikation« im Abschnitt »Kenne die Bedürfnisse deines Publikums« beschäftigen wir uns damit, wie du deine Zielgruppe genauer untersuchst. Die eigene Zielgruppe klar zu benennen und ihren Bedürfnissen und Motiven immer wieder neu nachzuspüren, ist eine der wesentlichen Aufgaben für Markenmacher:innen auf allen Ebenen.

Nicht gut, nicht böse: nur nützlich

Ist die Wirkung von Marke eigentlich gut oder böse? Besonders in intellektuellen Kreisen gilt es als chic, Marke per se mit einer Portion Skepsis zu betrachten. Schließlich halten wir uns für aufgeklärte Konsument:innen, die sich nicht manipulieren lassen. Nur weil ein Angebot von einer bekannten Marke ist, muss es ja nicht besser sein, oder? Nein, muss es nicht.

Aber es ist schneller einschätzbar. Und weil Nutzer:innen sich oft schnell entscheiden wollen oder müssen, hat das großen Einfluss auf den Erfolg eines Angebots. Kluge Unternehmer:innen wissen das. Sie bauen ihre Angebote konsequent und systematisch zur Marke auf. Egal, ob sie rücksichtslos ihrem persönlichen Profit hinterhereilen oder die besten Absichten zur Verbesserung der Welt hegen. Es gibt reichlich Literatur darüber, wie Joseph Goebbels Markenführung für die Sache des Nationalsozialismus instrumentalisiert hat. Und viele dieser Methoden hat auch Steve Jobs bei Apple angewandt. Und wenn dir das nicht gut genug ist: Yvon Chouinard, der Gründer von Patagonia, hat sich ebenfalls genau daran gehalten. Das Wirkprinzip des Phänomens Marke ist für alle gleich. Marke ist ein neutrales Werkzeug, das, richtig angewendet, Gutem wie Bösem gleichermaßen zu mehr Erfolg verhelfen kann. Wofür du diese Wirkmechanismen einsetzt, entscheidest du. Wir hoffen für eine etwas bessere Welt …

Die Skepsis gegenüber der Idee der Marke beruht vielleicht noch auf einem zweiten Aspekt: auf dem mangelnden Interesse, sich grundsätzlich mit dem eigenen Handeln als Unternehmung zu befassen. Wer seine Marke gar nicht erst definiert, kann viel leichter auf dem Status quo beharren oder irgendwelchen kurzfristig gedachten Opportunitäten hinterherhecheln. Indem sich Unternehmungen der internen Diskussion über ihre Marke entziehen, müssen sie die eigenen Entscheidungskriterien nicht transparent machen. So können Chefinnen und Chefs, Führungskräfte und Mitarbeiter:innen immer spontan aus dem Bauch und nicht anhand näher definierter Erfahrungswerte entscheiden, anstatt ihr Vorgehen vor dem Zukunftsbild der Marke zu verteidigen. Jede Richtungsdebatte in der Organisation lässt sich dadurch weiterhin subjektiv führen und aktuell im Trend liegende Marktgegebenheiten können als Entscheidungsgrundlage für alles und jedes ins Feld geführt werden. Denn ohne eine inhaltlich-strategische Zielsetzung fehlt der objektive Bezugspunkt als gemeinsames Fundament für die Argumentation aller Beteiligten.

Marke ist ein außerordentlich wirksames Instrument im Wettbewerb um Aufmerksamkeit. Zudem schafft sie innerhalb von Unternehmungen und Organisationen Transparenz über die Strategie. Dabei dient Marke nicht ausschließlich kommerziellen Interessen, schließlich bemühen sich auch nicht-kommerzielle Angebote um die Aufmerksamkeit des Publikums. Auch für sie ist das Wirkprinzip Marke anwendbar. Sie ist also nicht gut oder böse, nur nützlich.

Erlebnisse lassen Marken entstehen

Marken entstehen durch die Erlebnisse, die wir als Nutzer:innen mit ihnen haben. Jedes Mal, wenn wir mit Marken in Kontakt kommen, sammeln wir Eindrücke: von der Packung im Regal und der Erwähnung in einem Text über den Tipp einer Bekannten und den Brief mit der Rechnung oder dem Schreibfehler in der Gebrauchsanweisung bis zur freundlichen Stimme am Telefon sowie der Vorfreude bei der Bestellung und dem Gefühl beim Reinbeißen. Wir erleben Marken sogar durch Dinge, die sie nicht tun: zum Beispiel keinen Preisnachlass geben, obwohl alle Wettbewerber sich mit Rabatten übertrumpfen.

Die Punkte, an denen wir mit der Marke in Kontakt kommen, nennen Fachleute »Touchpoints«, also Berührungs- oder noch besser Kontaktpunkte. Erfolgreiche Markenmacher:innen setzen alles daran, diese Kontaktpunkte so gut wie eben möglich in den Griff zu bekommen. Und

Beispiele für Kontaktpunkte mit der Marke

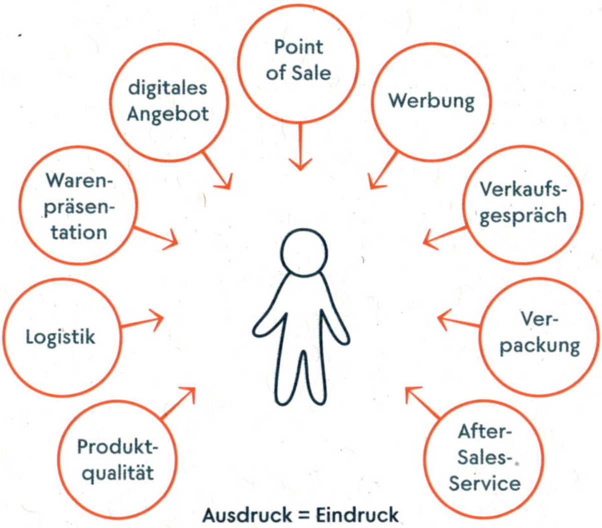

das ist eine wirklich umfangreiche Aufgabe. Zwar durchaus mit schnellen Erfolgen, aber mindestens ebenso viel schier endlos dauerndem hartnäckigen Ringen um kleinste Optimierungen. Doch diese Arbeit lohnt sich, denn einzig der Ausdruck der Marke am Kontaktpunkt bestimmt den Eindruck von der Marke bei der Nutzer:in.

Jede:r Mitarbeiter:in macht Marke und zwar jeden Moment

Wenn es so entscheidend für den Erfolg einer Marke ist, wie sie erlebt wird, dann stellt sich die Frage, wer für die Ausgestaltung der Kontaktpunkte eigentlich zuständig ist. Die simple Antwort: jede Mitarbeiterin, jeder Mitarbeiter, in jedem Moment. Alle, die an der Unternehmung teilnehmen und teilhaben, denn alle Kolleg:innen wirken an irgendeiner Stelle an der Qualität eines oder mehrerer Kontaktpunkte mit – und sei er auch noch so klein. Es sind also letztlich die Mitarbeiter:innen, die darüber entscheiden, ob sie in ihrem Einsatzbereich ein Markenerlebnis schaffen, das typisch für die Marke ist … oder eben nicht. Darum ist es so wichtig, dafür zu sorgen, dass jede:r in der Unternehmung weiß, wofür die Marke steht und weiß, was sie/er genau zum Markenerlebnis beiträgt. Alle Mitarbeitenden sollten sich regelmäßig fragen, wie sie das Erlebnis der Marke im eigenen Zuständigkeitsbereich besser machen können.

Nicht selten schauen wir im Rahmen von Beratungsprojekten an dieser Stelle in die erstaunten Gesichter von Führungskräften und Geschäftsleitungen.

»Wirklich jeder Mitarbeiter? Haben die nichts anderes zu tun?«
»Was denn?«
»Na, ihren Job eben. Aufträge annehmen, Rechnungen prüfen, Produkte verschicken … all die im Alltag anfallenden Arbeiten.«
»Genau! Und jedes einzelne davon ist ein Markenerlebnis.«

Im Gegensatz zum werblichen Marketing-Blabla, das Nutzer:innen am Anfang ihrer Begegnung mit einer Marke empfängt, sind die alltäglichen Kontaktpunkte in der Regel die viel wichtigeren. Stelle dir vor, eine Bestellung aufzugeben wäre kompliziert und bürokratisch. Oder die Rechnung wird auch nach langem Warten immer wieder falsch ausgestellt. Und die Produkte lieblos zusammengepfeffert, lausig verpackt und viel zu spät geliefert. Solche Erlebnisse wiegt kein flotter Werbespruch an anderer Stelle wieder auf. Jeff Bezos, der Gründer von Amazon, bringt es auf den Punkt, wenn er sagt: »Marke entsteht in erster Linie nicht durch das, was Sie sagen, sondern durch das, was Ihre Unternehmung tut.« Mitarbeiter:innen sind in aller Regel echte Fachleute für ihre jeweilige Aufgabe. Aber nur weil jemand in seinem oder ihrem Gebiet das Richtige tut, wird daraus noch kein Zusammenspiel. Klare Vorgaben aus der Marke geben den Mitarbeiter:innen einen Bezugspunkt, auf den sie all ihr Handeln ausrichten können. Darum ist es so entscheidend, alle Alltagsaufgaben und alle Mitarbeiter:innen in den Prozess des Markemachens aktiv mit einzubeziehen.

Nur mit Know-how

Ohne gemeinsames Zukunftsbild entwickelt sich jeder Bereich so gut er kann.

Auch mit Know-why

Zu einem klaren Markenprofil, das alle kennen, kann jeder bestmöglich beitragen.

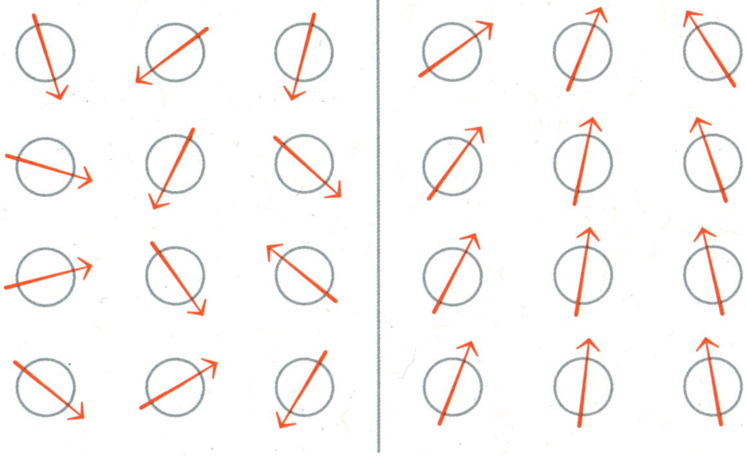

Konsistenz macht Marken stark

Starke Marken, egal in welcher Branche und egal mit welchem Produkt, haben eine Gemeinsamkeit: Menschen spüren an jedem Kontaktpunkt, dass sie es mit genau dieser Marke zu tun haben. Starke Marken verhalten sich bei jeder Begegnung erwartbar und typisch. Markenmacher:innen sprechen dabei von Selbstähnlichkeit. Durch diese werden sie für Nutzer:innen einschätzbar. Die einzelnen Berührungspunkte fügen sich in ihrem Kopf zu einer konsistenten Kette an Erlebnissen. So lernen Nutzer:innen, wie die Marke ist. Je weniger die Kontaktpunkte in Stil und Verhalten voneinander abweichen, desto kraftvoller und überzeugender wird dieses Bild.

Kontaktpunkte wirken meistens inkonsistent

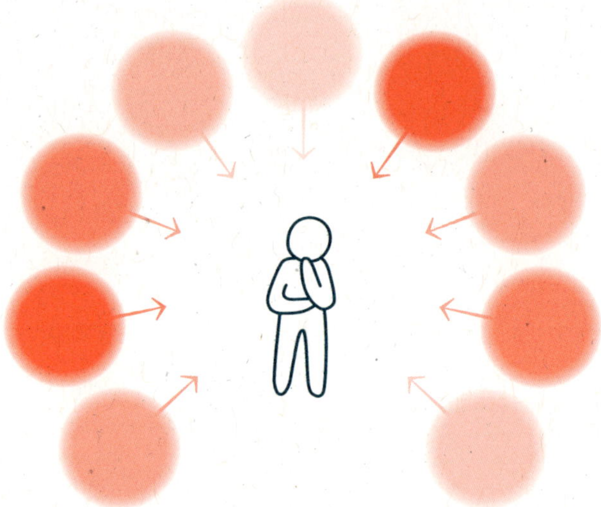

Studien zeigen: 80 % des Managements meint, ihre Kontaktpunkte sind super, während nur 8 % der Kundschaft das ebenso sieht.

Klingt trivial? Einfach nur dafür sorgen, dass alle Kontaktpunkte selbstähnlich sind und fertig ist die starke Marke? Komplizierter als das ist es wirklich nicht. Dafür braucht es »nur« die Bereitschaft zur Konsequenz. Denn genau solch stimmige Erlebnisketten sind es, die Menschen positiv bemerken: Wenn alles zueinander passt, durchdacht ist und mit der ein oder anderen Idee auch noch positiv überrascht. Markenarbeit ist eben kein Hexen-, sondern Handwerk.

Konsistente Erlebnisketten sind in der Praxis aber erstaunlich selten. Schlicht und einfach, weil es eine ungeheuer aufwendige und kleinteilige Aufgabe ist, alle Kontaktpunkte im Sinne der Marke zu orchestrieren. Es gibt zahlreiche Untersuchungen, die ermitteln, wie gut das

Spezifik + Wiederholung = Vertrauen

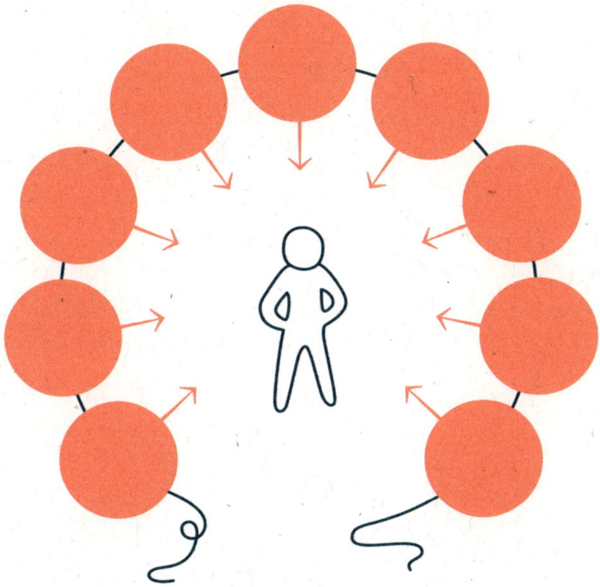

Die hohe Kunst ist es, mit allen Kontaktpunkten eine konsistente Erlebniskette zu schaffen.

Markenerlebnis vom Management und von den Nutzer:innen erlebt wird. Das ernüchternde Ergebnis fällt meist in etwa so aus: Während intern im Schnitt vier von fünf Führungskräften glauben, die Marke hätte einen einheitlichen Auftritt, ist nur jede:r Zehnte der Kund:innen dieser Meinung.

Es ist eben richtig harte Arbeit, Marke zu machen. Mit ein bisschen Marketing hier und ein paar Konzept-Workshops da ist es längst nicht getan. Konsistente Erlebnisketten aufzubauen und aktuell zu halten, braucht die Aufmerksamkeit der gesamten Organisation und ist nie wirklich abgeschlossen. Bist du am einen Ende fertig, fängst du vorn wieder an.

Marken sind Nerds in ihrem Thema

Starke Marken haben ein Thema. Ihr Thema. Und darin kennen sie sich aus wie niemand sonst. Es definiert starke Marken, dass sie absolute Expert:innen auf ihrem Gebiet sind – in den Grundlagen, den Ableitungen, aktuellen Diskussionen, Trends und Alternativen. Sie positionieren sich klar zu fachlichen Fragen. Sie haben eine Meinung und schlaue Antworten auf widersprüchliche Anforderungen. Im Idealfall sind sie in ihrer Branche auch über ihr eigenes Angebot hinaus respektierte Stimmen. Das macht sie glaubwürdig und sorgt dafür, dass Nutzer:innen ihnen vertrauen und sich an ihnen orientieren. Darin steckt ein Auftrag: Markenmacher:innen müssen Nerds im Thema ihrer Marke sein oder werden. Das klingt so einleuchtend und kann doch gar nicht ernst genug genommen werden. Nerds graben sich tief in ihr Thema ein. Sie sind immer auf der Suche nach neuen Aspekten. Und werden nicht müde, alles immer wieder zu durchdenken. Nerds sind ein bisschen anstrengend. Aber jede:r schätzt sie, wenn sie/er eine Antwort aus ihrem Themenbereich braucht. Starke Marken sind Nerds in ihrem Thema – das heißt vor allem: die Mitarbeiter:innen, die die Marke ausmachen, sind Nerds in ihrem Thema. Fortbildung ihrer Kompetenzen ist Arbeit an der Marke.

Und wie echte Nerds kommen starke Marken, wenn man sie anspricht, auch immer auf ihr Thema zu sprechen. Das ist der Mittelpunkt ihres Denkens, darum dreht sich ihre Welt. Die Weihnachtsgeschenke an die Kundschaft sind nicht einfach irgendwas, sondern haben natürlich Bezug zum Thema der Marke. Ihr Sponsoring-Engagement ist nicht einfach bei irgendwem, sondern hat Bezug zum Thema der Marke. Ihre Vertriebsevents sind nicht einfach irgendwie, sondern haben Bezug zum Thema der Marke. Denn wie echte Nerds lassen sie keine Gelegenheit aus, für ihr Thema zu begeistern.

Komplex, aber nicht kompliziert.

→ Starke Marken stehen für fundierte Expertise in ihrem Thema.

Sie können es souverän erklären, ohne zu stark zu vereinfachen oder zu verwirren.

Spitzenleistung formt die Marke

Jede Marke bietet ein ganzes Bündel an Leistungen an. Das meiste davon sind erwartbare Standards in der spezifischen Qualität dieses Anbieters. Doch manche Angebote sind Besonderheiten, die genau diese Marke in dieser Form besonders gut kann. Das sind die Spitzenleistungen. Meist zählen sie gar nicht zu den Bestsellern oder oft nachgefragten Dingen, doch sie formen das Bild dessen, was die Marke zu leisten im Stande ist. Ein klassisches Beispiel dafür sind Sportcoupés im Sortiment von Automarken. Der Audi R8 gehörte sicher nie zu den häufig verkauften Modellen, trotzdem wurde er in der Audi-Kommunikation überproportional stark thematisiert und beworben. Weil dadurch ein Teil der Sportlichkeit auf alle Modelle der Marke abfärbt. Der TV-Hersteller Loewe war jahrelang bekannt für sehr flexible Aufstell-Optionen seiner Fernseher an der Wand, auf dem Tisch oder am Boden. In den Schauräumen gehörte es daher jahrelang zu den Standards, ein Loewe-TV an einer zwischen Boden und Decke gespannten Stange zu zeigen. Die Verkaufszahlen dieser Lösung blieben gering, aber die Geschichte der flexibel aufstellbaren Fernseher vermittelte sich dadurch exzellent. Der Fensterhersteller Finstral verkauft, wie vermutlich jeder andere Anbieter auch, vor allem Fenster mit weißen oder dunkelgrauen Rahmen. Dennoch ist ein kanariengelber Fensterrahmen Teil jeder Produktausstellung, weil er erzählt, dass alle Farben möglich sind und noch viel mehr Varianz machbar ist.

Diese Speerspitzen des Leistungsangebots einer Unternehmung werden auch »Brand Shaper« genannt, weil die Fähigkeiten der Marke an ihnen am besten erkennbar werden. So tun diese Angebote viel dafür, welche Leistungen der Marke glaubhaft zugeschrieben werden, selbst wenn sie nur wenig nachgefragt werden.

Der ganze Kuchen, nicht nur der Zuckerguss

Mit Marke assoziieren viele Menschen das Logo, den Schriftzug, die Markenfarbe oder den Slogan einer Unternehmung. Sie setzen das Thema mit Marketing und Kommunikation gleich. Das ist nicht falsch, aber betrachtet eben doch nur die Zeichen der Marke, niemals die Marke selbst. Dieses verkürzte, fehlerhafte Verständnis als Schmuck bzw. Ornament verweist das Thema Marke in der Unternehmung automatisch in die Kommunikationsabteilung. Und vereitelt so die Relevanz der Marke für alle anderen Bereiche der Unternehmung. Diese Definition geht davon aus, dass Marke eine Verzierung sei, die wie eine Dekoration nach der Erstellung des Kernprodukts hinzugefügt wird. Wer so denkt, hält Marke für Zuckerguss, eine Verschönerung, die nach dem Backen hinzugefügt wird. Doch das ist ein fatales Missverständnis in einer zunehmend transparenten Welt: Marke ist der ganze Kuchen. Darum spielt Marke von der Idee für das Rezept über die Wahl der Zutaten und das Können des Bäckers bis zur Verkaufsverpackung eine wichtige Rolle. Schon während der Erstellung des Angebots gibt Marke die Orientierung vor. Nicht erst, wenn es um die appetitliche Verzierung geht.

Wenn Marke isoliert als Verzierung verstanden wird, kann sie ihre Energie nicht entfalten und für die Unternehmung wenig bis gar nichts bewirken. Würde man die besten Fußballspieler:innen nur über einheitlich gestaltete Trikots zu einer Mannschaft machen wollen, würde man kein Turnier gewinnen. Genauso wenig kann die Marke ihre Potenziale für Wachstum und Profitabilität ausschöpfen, wenn ihr in der Unternehmung der falsche Platz oder ein zu geringer Stellenwert zugewiesen wird. Zur Führung von Unternehmungen ist dieses weitverbreitete Verständnis der Marke jedenfalls untauglich. Als grundlegendes Narrativ einer Unternehmung ist Marke immer Chef:innen-Sache! (siehe »Bilde eine Führungskoalition«) → Seite 184

Marke zeigt sich nach außen und führt nach innen

Die unterschätzte Qualität von Marken ist ihre Orientierung gebende Wirkung nach innen, also in eine Organisation oder Unternehmung hinein. Da die Marke ein klares Leistungsversprechen abgibt, lässt sie sich als Auftrag an die Unternehmung lesen. Sie ist das Zukunftsbild der Organisation, an dem sich alle Aktivitäten ausrichten. So eröffnet Marke allen Mitarbeiter:innen die Möglichkeit, ihre Arbeit in inhaltlichen Bezug zu einem verlässlich geltenden, übergeordneten und alles umfassenden Ziel zu setzen. Marke dient in diesem Sinne als Nordstern, an dem sich der Kompass ausrichtet. Und das ist nicht einschränkend, sondern entfesselnd: Durch Marke gibt es über alle Bereichsgrenzen hinweg einen inhaltlichen Common Ground, um über die Notwendigkeit und Priorisierung von Maßnahmen zu verhandeln. Denn alle müssen begründen, wie sie dazu beitragen, die Marke besser erlebbar zu machen.

Hier liegt eine der zentralen Qualitäten dieser Idee vom Marke machen. Denn Markenführung heißt dann nicht »Die Organisation führt die Marke«, sondern »Die Marke führt die Organisation«.

Deshalb gibt es in diesem Buch ein ganzes Kapitel zum Thema »Transformation«. Wir sind davon überzeugt, dass in der hier beschriebenen Mechanik von Marke ein unterschätztes Führungsinstrument gerade für Zeiten des rasanten Wandels liegt. Starke Marken erlangen ihren guten Ruf schließlich nicht nur durch ihre erbrachte Leistung, sondern vor allem auch durch das klare Bild von der Zukunft, für das sie stehen und an dem sich ihre Organisation ausrichten kann.

Seite 169 ←

Kommuniziere positiv.

→ Menschen erfassen nicht jedes Mal den Sinn, doch immer den Tonfall. Nutze darum positive statt negativer Beispiele und argumentiere mit Affirmationen statt Negationen.

Die Kraft des klaren Zukunftsbilds

Nahezu jede Unternehmung steckt bereits oder steht in den nächsten Jahren vor der Herausforderung großer Transformationen. Sei es die immer umfassendere Digitalisierung aller Prozesse, der Umbau zu nachhaltigem Wirtschaften oder der zunehmende Wettbewerb um Arbeitnehmer:innen, um nur drei Beispiele anzuführen. Was alle wissen: Die Umsetzung jeder dieser Veränderungen ist nur durch die konzertierte Anstrengung der gesamten Organisation zu bewältigen. Doch anstehender Wandel verunsichert, weshalb Mitarbeiter:innen und Führungkräfte gerade in Zeiten der Veränderung nach verlässlichen Leitplanken für ihr Handeln suchen. Nach einem klaren Zukunftsbild für ihre Unternehmung.

Unser Eindruck ist, dass die Kraft klarer Zukunftsbilder in Unternehmungen stark unterschätzt wird. Liest man die Leitbilder oder die in den vergangenen Jahren so populär gewordenen Formulierungen eines »Purpose«, also des höheren Zwecks der Unternehmung, begegnet man oft substanzlosen Wunschbildern mit leeren Floskeln ohne Power. Besonders visionäre Zukunftsbilder scheinen vielen für das Jetzt nicht relevant zu sein. In der Folge wirken die Aussagen der Führung zu übergeordneten Zielen unscharf und diffus. Initiativen und Aktivitäten der Unternehmung erscheinen beliebig und von Aktionismus getrieben. Bei der Entwicklung neuer Maßnahmen und Projekte besteht selten Konsens über Wesentliches, die Diskussionen sind endlos und Zeitvergeudung an der Tagesordnung. Man spürt förmlich, dass die Richtung nicht klar ist, Fliehkräfte entstehen und die Energie für Umsetzung auf halbem Weg verloren geht. Dabei kommt doch die Zugkraft jeder Veränderung aus einer Idee der Zukunft, die inspiriert, am Markt differenziert und relevant für Mitarbeitende und Nutzer:innen ist. Das macht es so wirksam und wertvoll, ein klares, gemeinsam geteiltes Bild von der Zukunft zu bauen. Mit einfach verständlichen Inhalten, aus denen machbare und konkrete Schritte und Entscheidungen ableitbar sind. Eine gemeinsame argumentative Basis für alle Bereiche, um Vorgaben zu reflektieren und zu hinterfragen. Und ernsthafte Auseinandersetzungen über den richtigen Weg zum Ziel zu führen. Ein Zukunftsbild, hinter dem sich jeder Bereich und jede:r Mitarbeiter:in versammeln kann – und sich damit auch zusammengehörig oder besser gesagt als Teil eines größeren Ganzen verstehen darf.

Die meisten in Strategien formulierten Zukunftsbilder sind eher Ziele als Strategien. Zudem versanden sie oft in der Umsetzung, weil sie nicht kommuniziert, verstanden oder erinnert werden. Doch warum sollte sich etwas ändern, wenn Mitarbeitende die neue Richtung nicht einmal nachvollziehen können?

Fragen zu Ermittlung der Stärke des Zukunftsbildes

- Können Mitarbeitende und Führungskräfte die Strategien der Unternehmung sinngemäß oder sogar Wort für Wort wiederholen, ohne nachzudenken?
- Werden die Strategiedokumente systematisch genutzt, etwa als Basis für interne Diskussionen oder um neue Kolleg:innen einzuschulen?
- Unterstützen die Strategien bei der Entscheidung, wo die Unternehmung welche Kompromisse eingehen kann?

Starke Marken stehen für eine Idee. Sie bieten eine attraktive Leistung mit typischen Eigenschaften. Ihr Verhalten ist geprägt durch erkennbar wiederkehrende Muster. Diese in Form eines strategischen Profils festzuhalten, hat sich als ideale Basis für die Markenarbeit erwiesen. Solch ein Markenprofil steckt den Rahmen zukünftiger Entwicklungen ab und steuert sämtliche Maßnahmen und Aktivitäten. Es gibt die Richtung vor. Es ist das Fundament, auf dem Marke zum Erfolgsfaktor wird.

Katalysator guter Ideen

Markenprofile werden von Mitarbeiter:innen in Organisationen häufig als einschränkend empfunden. Es wird angezweifelt, ob man innerhalb des Rahmens der Marke denn noch frei und unabhängig Ideen entwickeln kann. Was oft dazu führt, das Markenprofil präventiv lieber gleich links liegen zu lassen. Ging ja bisher auch ohne. Doch das ist doppelt schade. Zum einen, weil ein Markenprofil natürlich nur wirken kann, wenn sich alle in der Organisation auf es einlassen. Also sich mit der Marke identifizieren und mit ihrem Verhalten darauf einzahlen. Und zum zweiten – und das ist der viel entscheidendere Punkt – weil es in Wahrheit gar nicht behindert, sondern sich fast immer als Katalysator für gute Ideen erweist.

Kein Markenprofil der Welt verbietet es, frei Ideen zu entwickeln. Im Gegenteil: Das Markenprofil ist die ideale Startrampe für Ideen! Anhand eines Profils wird besonders schnell erkennbar, wie neue Ideen dafür sorgen werden, die Marke besser erlebbar zu machen. Ein einfacher Abgleich einer Idee mit den Aussagen des Profils genügt, um zu ermessen, welchen Wert sie für die Marke haben kann. Und das ist absolut entscheidend, um in der Organisation Unterstützung für die Umsetzung zu gewinnen. Und um sicherzustellen für die Nutzer:innen der Marke gemeinsam begeisternde, typische und konsistente Kontaktpunkte zu bauen.

Das Markenprofil klärt die inhaltlichen Prioritäten der Unternehmung transparent und nachvollziehbar für alle. Damit ist ein verbindliches, klar formuliertes Markenprofil in Wahrheit ein Geschenk für jede Organisation. Denn es bietet allen Kolleg:innen Orientierung, Sicherheit und Halt bei jeder Entscheidung. Es gibt zwar keine Antworten, aber mit ihm stellen sich die richtigen Fragen. So schafft die Marke eine gemeinsame inhaltliche Plattform für alle Diskussionen rund um das Angebot der Unternehmung.

Gerade Innovator:innen vergessen oft, Marke zu machen und damit, sich dauerhaft verteidigbare Wettbewerbsvorteile zu schaffen: In der Regel kommen neue Anbieter:innen auf den Markt, wenn sie das dort bestehende Angebot mit einer neuen Idee deutlich verbessern können. Zum Beispiel mit technischen Innovationen, besseren Prozessen oder geschickteren Geschäftsmodellen. Bei Start-ups rund um digitale Themen ist das fast immer der Fall. Solche Unternehmungen bieten etwas an, das objektiv besser ist als das bestehende Angebot am Markt: weil es schneller geht, die Sache einfacher macht oder vormals teure Prozesse zum günstigeren Preis anbieten kann. Darauf gründet sich ihr Erfolg. Sie arbeiten meist sehr kund:innenzentriert, testen die Performance jeder Neuerung im Produkt, versuchen alles immer entlang der unbestechlichen Wünsche ihrer Nutzer:innen zu entwickeln. Doch dieser einseitige Fokus ist trügerisch. Denn es kommt der Tag, an dem andere Anbieter:innen nachziehen und es ebenso gut machen. Und spätestens dann reicht es eben nicht mehr, nur operativ exzellent zu arbeiten.

Wenn mehrere Anbieter:innen sehr Ähnliches bieten, entscheiden sich Nutzer:innen für das Angebot, dessen Ruf ihnen am besten scheint und am meisten zusagt. Oder kurz: für die attraktivste Marke. Für die Marke, der sie vertrauen! Darum ist es sinnvoll, frühzeitig auch die Typik und Differenzierung seines Angebots sicherzustellen.

Natürlich entbindet das nicht davon, die eigene Leistung immer wieder aktuell und attraktiv auszugestalten. Es ist wichtig, die Motive und Bedürfnisse seiner Zielgruppen detailliert und fortlaufend zu beobachten und sein Produkt bzw. seine Dienstleistung auf diesen Bedarf anzupassen. Nur so gelingt es, auf Augenhöhe im Wettbewerb zu bleiben oder sich temporär auch einmal einen Vorsprung zu erarbeiten.

Gute Ideen werden auf lange Sicht aber immer kopiert. Selbst Produktmusterschutz oder Patente laufen irgendwann aus. Ein starkes Narrativ, oder anders gesagt, eine starke Marke hingegen schafft dauerhaft verteidigbare, unkopierbare Wettbewerbsvorteile. Trotz aller Allmacht schreiben wir Google noch immer zu, dass sie uns nichts Böses wollen: Don't be evil. Der Tech-Gigant Apple wirkt noch immer andersartig: Think different. Frosch Putzmittel halten wir noch immer für die ökologischste Alternative. Die Stiftung Warentest gilt als *die* unabhängige und kompetente Prüfinstanz. Diese Positionierungen bieten ein sicheres Fundament für eigene Innovationen oder auch nur um den Wandel des Angebots auch in den eigenen Leistungen immer wieder nachzuvollziehen.

Macht
Marke

Identität

Marke stiftet Orientierung, Sinn und Vertrauen. Damit sie das kann, sollte sie einer klaren Idee folgen, die sich am besten auch klar formuliert auf den Punkt bringen lässt. Doch wie lässt sich Identität so definieren, dass sie alles erfasst, ernsthaft relevant fürs Geschäft ist, nichts einfach so hinzudichtet und vor allem: im Arbeitsalltag auch wirklich berücksichtigt wird?

Um das zu klären, tauchen wir ein in die Welt der Positionierung von Marken. Was brauchen wir, um ein Markenprofil zu schreiben?

Wie theoretisch und komplex darf es, und wie einfach und pragmatisch muss es sein? Wie sehen praktische Beispiele dafür aus? Wer sollte in die Entwicklung eingebunden werden? Und warum ist das so entscheidend für die spätere Akzeptanz?

Also aufgepasst, denn jetzt legen wir das Fundament des Markemachens.

Das Markenprofil ist dein Zukunftsbild

Marke beschreibt die Identität einer Unternehmung. Zumindest ist das der Teil, der von außen erkennbar ist. Doch die große Kraft der Marke liegt darin, nicht einfach nur für den Ist-, sondern auch für den Soll-Zustand einer Unternehmung zu stehen. Identität steht also auch für das Vertrauen, das ihr entgegengebracht wird, bestimmte Ziele zu erreichen. Sie beschreibt das Potenzial, das man ihr zuschreibt. Das Markenprofil deiner Organisation ist somit auch ein Zukunftsbild für ihre weitere Entwicklung, ein inhaltlicher Fixstern, an dem sich jeder Bereich und alle Mitarbeiter:innen orientieren können. Oder – um im Bild der Marke als guter Ruf zu bleiben: Das Markenprofil formuliert den guten Ruf, den die Organisation sich erarbeiten und dem sie treu bleiben möchte und wird.

Diesen Bedeutungshorizont eines Markenprofils sollten Markenmacher:innen kennen, wenn sie sich daran machen, eines für ihre Unternehmung auszuarbeiten. Denn so wird schnell klar, wie ein Markenprofil nicht sein sollte: weder zu simpel und knapp, noch zu elaboriert und kompliziert. Besteht das Markenprofil lediglich aus ein paar schmissigen Halbsätzen, erfüllt es vielleicht den Bedarf der Marketing-Verantwortlichen, gibt anderen Bereichen der Unternehmung aber keine ernsthafte Orientierung. Ist es hingegen ein mehrdimensional verschachteltes und verzahntes Modell, verunmöglicht es die Anwendung im operativen Alltag von Strategie-Runden, konzeptionellen Besprechungen, internen Führungszirkeln und Ähnlichem. Das Markenprofil braucht also eine Form, die für die gesamte Unternehmung gelten kann und im operativen Alltag gut anwendbar ist. Nur so kann es die Unternehmung als Ganzes in die Lage versetzen, eine differenzierte und spezifische Marktposition einzunehmen. Es muss den oder die USP klar benennen, also die Abgrenzung und Differenz gegenüber anderen Teilnehmer:innen des Marktes deutlich machen. Und das Potenzial der Unternehmung aufzeigen, auch über den eigenen Markt hinaus Strahlkraft zu entwickeln.

Das sind große Ziele, denn sie betreffen eben nicht nur die Kommunikation, sondern die Unternehmung als Ganzes. Doch wie im Kapitel Seite 27 ← »Wirkung« beschrieben, ist Marke eben genau so zu verstehen. Die Position, die eine Unternehmung mit ihrer Marke einnimmt, betrifft alle in der Organisation … ja, sogar die Buchhaltung.

Dieser Logik folgend leitet sich aus dem Markenprofil das gesamte künftige Leistungsportfolio der Unternehmung ab, also Angebote, Sortiment, Kanäle, Formate, Kommunikation etc. Daher muss es klar benennen, worin die wahrnehmbare, markentypische Produkt- und Servicequalität der Unternehmung besteht. Es sollte eine auch für interessierte Laien nachvollziehbare und merkfähige Gliederungsstruktur haben. Und es hilft allen, die am Entstehungsprozess nicht beteiligt waren, sehr, wenn das Dokument nicht nur aus Überschriften besteht, sondern auch mit detaillierten Beschreibungen und Beispielen angereichert ist.

Erfüllt es diese Anforderungen, hat das im strategischen Markenprofil beschriebene Zukunftsbild der Unternehmung die Chance, nicht nur als nette konzeptionelle Übung in der Schublade zu landen, sondern eignet sich wirklich als strategische Arbeitsunterlage für den operativen Alltag. Schließlich ist nicht das inspirierende Strategie-Wochenende in der gemieteten Berghütte, sondern das bisweilen schweißtreibende tägliche Geschäft der Ort, an dem Marke entsteht.

Was gut ist, muss man nicht neu erfinden

Und was tun, wenn du in einer Unternehmung eine bereits lang etablierte oder auch eine gerade frisch entwickelte Marken-Positionierung vorfindest? Also ein Strategiedokument, das inhaltlich zwar richtig ist, aber den Ansprüchen an die Praktikabilität oder inhaltliche Tiefe einfach nicht gerecht wird? Verwerfen und neu schreiben? Wohl kaum. Solche Strategiedokumente sind in aller Regel das Ergebnis umfangreicher

Recherchen und aufwendiger Abstimmungen in der Organisation. Ihre Bekanntheit innerhalb der Unternehmung hat einen großen Wert. Gibt es das Dokument schon lange und wird noch immer darauf referenziert, ist das ein Zeichen, dass die Organisation auf die Gültigkeit der dort getroffenen Aussagen vertraut. Ist das Dokument noch frisch und die an der Erarbeitung Beteiligten noch aktiv, besteht die berechtigte Erwartung, dass auf gemeinsam vereinbarte Ziele auch gemeinsame Taten folgen. Ein neues Markenprofil zu formulieren, würde in diesen Fällen nur Misstrauen und Skepsis gegenüber strategischen Abmachungen fördern. Darum solltest du in diesem Fall lieber den Ball aufnehmen und mit dem weiterarbeiten, was es bereits gibt. Selbst eine bestehende Positionierung oder Strategie in neue Strukturen zu überführen, andersartig darzustellen oder auch nur es zu ergänzen, ist erfahrungsgemäß ein Schritt, der nur gemeinsam und sorgsam moderiert erfolgreich sein kann. Am meisten Erfolg verspricht der pragmatische Ansatz: Das Vorhandene einfach überaus ernst nehmen und aktiv beginnen, sehr konkret auf dieser Basis zu argumentieren und zu arbeiten.

Warum? Wie? Was? Oder umgekehrt?

Wer auf eine Party kommt und dort vor einer Gruppe fremder Menschen eine Antwort auf die Frage »Wer bist du?« geben muss, wird dies vermutlich über das *Was?* tun. Das, was wir tun, ist nämlich nicht selten die erste Antwort auf die Frage. Der Satz »Ich bin Kinderarzt« oder »Ich arbeite im Controlling« hilft aber nur sehr oberflächlich dabei, ein wirkliches Profil oder sogar eine Identität zu entwickeln: Denn es gibt sehr unterschiedliche Vertreter:innen der jeweiligen Profession – sympathische, schlechte, geld-orientierte, naive oder auch missionarische Kinderärzte und Controllerinnen.

Um sich über das *Was?* vorzustellen, braucht es also mindestens noch ein *Wie?*, das die jeweils spezifische Weise beschreibt, wie eine Tätigkeit ausgeübt wird. Aber auch die Kommunikation von Tätigkeitswort und begleitendem Adjektiv ist nur bedingt hilfreich, um ein Profil zu beschreiben. Oder würdest du dich mit der Beschreibung »Ich bin eine neugierige Controllerin« oder »Ich bin ein freundlicher Kinderarzt« gut beschrieben finden? »Beginne mit dem *Warum?*« hat der Autor und Vortragsredner Simon Sinek in seinem gleichnamigen TED-Talk allen in die Blöcke diktiert, die sich mit Marke und Positionierung befassen. Er sagt, auch viele Führungskräfte reden vor allem davon, *Was?* ihre Unternehmung tut. Erst dann sprechen sie über das *Wie?* und nur wenn man Glück hat auch über das *Warum?*. Auf dieser Beobachtung gründet er ein flammendes Plädoyer, mit dem *Warum?* zu beginnen. Und er hat recht, denn die Frage nach dem *Warum?* ist hilfreich und eröffnet erstaunliche Perspektiven.

Wer das nicht glaubt, kann es bei der nächsten Party-Vorstellungsrunde ja mal ausprobieren und den freundlichen Kinderarzt fragen, *Warum?* er tut, was er tut. Er wird genau wie die neugierige Controllerin ins Nachdenken kommen – und beginnen, über seine Motivation zu berichten. Und da wird es interessant, denn plötzlich erschließt sich dir, *Warum?* dein Gegenüber *Was?* und *Wie?* macht.

Für unsere Idee vom Markenprofil ist es unerheblich, womit wir beginnen, aber es ist essenziell, eine präzise Antwort darauf parat zu haben, *Was?*, *Wie?* und *Warum?* die Unternehmung ihre Leistungen anbietet.

Aufbau des Markenprofils

Wer sich mit Markenführung befasst, stößt auf unzählige Modelle, die Identität einer Unternehmung in ein Profil zu fassen. Manche simpel, manche kompliziert – aber mit ein wenig Interpretationsgeschick und gutem Willen sind alle nutzbar. Nur: Was tun, wenn es kein schriftliches Markenprofil gibt oder das bestehende verworfen werden soll? Was wäre ein idealer Aufbau, der sich im operativen Alltag wirklich bewährt? Lucas hat in seiner Karriere als Markenberater viele Dutzend

Unternehmungsidentitäten kennengelernt, mitentwickelt und vor allem damit gearbeitet. So sehr er dafür plädiert, strategische Vorarbeiten zu nutzen, statt sie über den Haufen zu werfen, so deutlich benennt er auch sein favorisiertes Modell: Nach seiner Erfahrung erfüllt das strategische Markenprofil des Institute of Brand Logic seine Aufgabe am besten. Es bietet die optimale Balance zwischen einer nachvollziehbaren und merkfähigen Gliederung einerseits und dem notwendigen Facettenreichtum und Detailtiefe andererseits. Darüber hinaus sind die darin getroffenen Aussagen so konkret, dass sie ohne viel Interpretation als Handlungsanweisung ohne spezielle Markenführungsexpertise von jedem Bereich einer Unternehmung verstanden, interpretiert und angewendet werden können.

Der Aufbau des strategischen Markenprofils nach dieser Methode ist denkbar einfach: Es besteht aus einem Leistungskern und der ihn umgebenden Bedeutungswelt. Diese beiden Bestandteile reichen aus, um exakt zu klären, was die Unternehmung nach innen und außen verkörpert. Dabei benennt der Leistungskern das zentrale Angebot der Marke an ihre Nutzer:innen, also *Warum?* sich Menschen für diese Marke entscheiden sollen. Und um eine gängige Erwartung direkt zu enttäuschen: Der Leistungskern ist kein Slogan, sondern Leistungsauftrag und Selbstverpflichtung. Ein strategischer Leitsatz also, der in seiner Formulierung nicht in erster Linie schmissig und selbsterklärend ist, sondern präzise das Zentrum der Kompetenz der Unternehmung benennt und den Rahmen für das gesamte Leistungsspektrum vorgibt. Er legt die Latte, die jede einzelne Leistung der Unternehmung anschließend nehmen muss. Tut sie es nicht, heißt es neu Anlauf nehmen und höher springen.

Dieser Leistungskern ist eingebettet in die Bedeutungswelt, also die Welt, welche die Marke erschafft, um ihre Leistung glaubwürdig zu erbringen. Die Bedeutungswelt wird in Erfolgsmustern beschrieben, also Aspekten, in denen die Unternehmung immer wieder – einem Muster gleichend – wahrnehmbar erfolgreich ist. Es sind jene Kräfte im Markensystem, die positive Resonanz verursachen. Oder anders gesagt die Erfolgskriterien, die eine Marke zu erfüllen hat, um ihr Leistungsversprechen erfolgreich zu erfüllen. In der Regel werden sechs bis acht

Erfolgsmuster definiert. Gelegentlich sind es auch weniger, weil das Markenprofil dadurch weniger komplex scheint. Die persönliche Erfahrung in der langjährigen Arbeit mit Markenprofilen zeigt jedoch, dass ein gewisser Facettenreichtum zu besseren Ergebnissen kommt als die knackige Verkürzung.

Modell Markenprofil

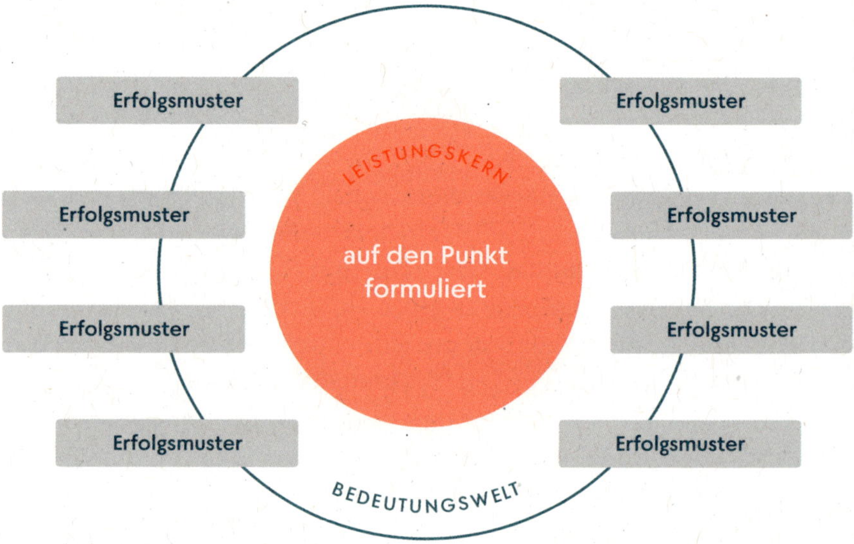

Zusammengenommen bilden Leistungskern und die Erfolgsmuster der Bedeutungswelt das strategische Markenprofil. Und das ist nichts anderes als das Zukunftsbild der Unternehmung. Es in dieser Form zu notieren hat sich bewährt, da es so einerseits über genügend Bindungskraft verfügt, um lang anhaltend und stabil für Orientierung zu sorgen – und andererseits über ausreichend Dehnungsfugen, um durch Interpretation und Schwerpunktsetzung die nötige Flexibilität zu erlauben.

Jeder einzelne Aspekt des Markenprofils sollte mit einer detaillierten Beschreibung seiner Bedeutung hinterlegt werden. Zu jedem

Erfolgsmuster wird zudem dessen Differenzierungspotenzial und am besten auch konkrete Beispiele aus dem Ist- und/oder Soll-Angebot der Unternehmung aufgeführt. Diese Vertiefung hat sich sehr bewährt, um bereits während der Entwicklung des Markenprofils konzeptionell für eine konkrete und tiefe Verzahnung mit den Leistungen der Unternehmung zu sorgen. Zudem hilft es Personen, die erst später in die Arbeit mit dem Markenprofil einsteigen, seinen umfassenden Wirkungsanspruch nachzuvollziehen.

Fünf Beispiele für Markenprofile

Am besten nachvollziehbar werden die hier beschriebenen Kriterien für Markenprofile natürlich anhand konkreter, realisierter Beispiele. Aus verständlichen Gründen haben uns zahlreiche Unternehmungen nicht gestattet, ihr Beispiel hier öffentlich zu publizieren. Fünf jedoch konnten wir überzeugen, diesen Blick hinter die Kulissen zu gewähren. Wir zeigen von diesen Unternehmungen jeweils das Markenprofil mit Leistungskern und Erfolgsmustern. Darüber hinaus zeigen wir zu je einem Erfolgsmuster auch die vertiefende Erläuterung, so wie sie in der Dokumentation des Markenprofils angegeben ist. Wir sind froh, mit den fünf Profilen eine große Bandbreite an Anwendungen zeigen zu können: einen europaweit führenden Fensterhersteller, einen gemeinnützigen Verbraucherfinanz-Ratgeber, eine linke Wochenzeitung, ein junges Start-up für Flexoffices und Co-Working sowie ein etabliertes Design-Studio. Alle gezeigten Profile wurden in intensiven Co-Kreationsprozessen in den Unternehmungen entwickelt und sind bis heute im Einsatz.

Ein Fensterhersteller

Finstral ist bereits einer der größten und innovativsten Kunststofffenster-Hersteller Europas, als die Unternehmung vor zehn Jahren beginnt, sich an die Erarbeitung seines Markenprofils zu machen. Anlass ist zum einen der Wunsch, nachhaltig ins Premium-Segment vorzudringen. Sowie zum anderen mit der strategischen Arbeit den Generationenübergang in der Familienunternehmung zu begleiten. Für Finstral war und ist dieses Markenprofil ein Meilenstein. Denn darin stecken entscheidende Weichenstellungen, die seither von allen Mitarbeiter:innen in Führungsverantwortung verinnerlicht sind. Zum Beispiel definiert die handwerklich geprägte Unternehmung erstmals Funktion und Ästhetik als gleichbedeutende Entwicklungsziele für sein Produkt, bekennt sich dazu, neben seinem Produkt auch den Kaufprozess als Erlebnis zu sehen (und aktiv zu gestalten), spricht erstmals von Kund:innenorientierung und fokussiert künftig auf Bauherr:innen statt wie vorher auf die Händler:innen.

Die Entwicklung dieses Markenprofils begleiteten
Markus Webhofer und Wolfgang Rigger
vom Institute of Brand Logic, Innsbruck/München.

Markenprofil Finstral

Detailbeschreibung des Erfolgsmusters »Nur Profis als Partner«

Bedeutung
Einem Profi werden besondere Kompetenzen zugeschrieben. Echte Professionalität geht weit über durchschnittliche Anforderungen hinaus: Es wird ein erhöhtes Maß an Expertise, Fertigkeiten und Fähigkeiten erwartet. Finstral arbeitet nur mit Profis.

Ein Verbraucherfinanz-Ratgeber

2014 gründeten Robert Haselsteiner und Marcus Wolsdorf Finanztip zur Förderung der Finanzbildung in Deutschland. Der Verkauf ihrer Unternehmung Interhyp wenige Jahre zuvor gab ihnen die Möglichkeit, mit einer gemeinnützigen Unternehmung etwas zurückzugeben. Und als exzellente Kenner der Finanzindustrie und ihrer Kundschaft wussten sie, dass ein leicht zugängliches Informationsangebot zur Finanzbildung sowohl nötig als auch wirksam wäre.

Als sich Finanztip 2020 an die Entwicklung seines Markenprofils machte, war das Angebot mit der über 20-köpfigen Expert:innenredaktion unter Leitung von Hermann Josef Tenhagen bereits zum führenden und einzig komplett kostenlosen, unabhängigen Online-Finanzratgeber Deutschlands aufgestiegen.

Das Ziel: Finanztip weiter professionalisieren, die Gemeinnützigkeit und Unabhängigkeit der frisch gegründeten Stiftung stärker herausstellen und die Reichweite deutlich ausbauen. Auf Basis des Markenprofils überarbeitete Finanztip anschließend sein Angebot auf jedem Kanal. Die Belegschaft wurde mehr als verdoppelt. Bis heute bildet das Zukunftsbild der Marke die Grundlage für alle neuen Entwicklungen der Unternehmung.

Die Entwicklung dieses Markenprofils begleitete Lucas von Gwinner als freier Markenberater.

Markenprofil Finanztip

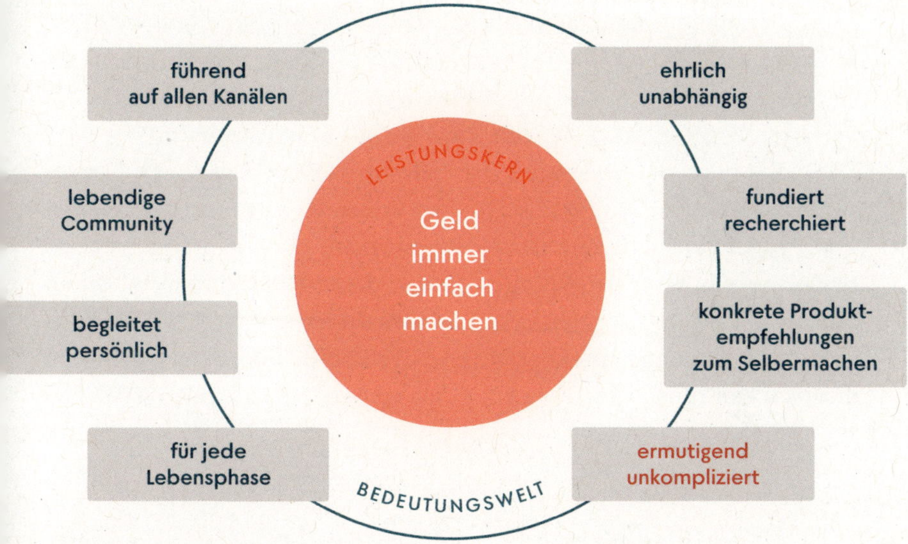

Detailbeschreibung des Erfolgsmusters »ermutigend unkompliziert«

Bedeutung

Das Angebot bestärkt mich darin, mich mit dem Thema zu befassen. Die klar verständliche inhaltliche Aufbereitung und die begeisternd einfache Nutzeroberfläche ermöglichen es mir, Geldthemen richtig anzugehen und zu erledigen.

Differenzierungschance

Finanzthemen gelten als dröge und trocken. Viele Nutzer:innen fühlen sich zu doof dafür, viele inhaltliche Angebote sind sperrig. Wer Inhalte einfach und verständlich aufbereitet, überrascht positiv und begeistert nachhaltig.

Eine linke Wochenzeitung

Um sich in seiner Nische im massiv gewandelten Medienmarkt zu behaupten, entwickelte die Wochenzeitung DerFreitag in intensivem Dialog einer großen, interdisziplinären Projektgruppe von Redaktion und Verlag ein eigenes Markenprofil. Es bildet bis heute die Grundlage aller Entwicklungen der Redaktion für Print und Online sowie des Verlags für Vertrieb und Organisation. Von der neuen Website und des eigenen Plus-Angebots bis zu Vertriebsmailings finden sich die Argumente des Markenprofils heute im gesamten Auftritt der Publikation wieder. Durch das Markenprofil kommen erstmals und dauerhaft alle Diskussionen und Argumente um die Ausrichtung der Publikation in einer für alle gültigen Unterlage zusammen.

Die Entwicklung dieses Markenprofils begleiteten Stefan Sippel und Lucas von Gwinner als freie Markenberater.

Markenprofil DerFreitag

Detailbeschreibung des Erfolgsmusters »Mut zur Reduktion«

Bedeutung
An journalistischen Angeboten herrscht weiß Gott kein Mangel – und die Digitalisierung hat zur Aufhebung vieler klassischer Format-Begrenzungen geführt (Angebotszahl, Frequenz, Umfang). Viele Leser:innen kämpfen mit dieser Informationsflut. Alleine die Beschränkung auf das Wichtige und Richtige wird zum Wert.

Differenzierungschance
Gerade Wochen-Publikationen positionieren sich gern durch ausschweifende Ausführlichkeit. DerFreitag liefert eine einzigartig konzentrierte Dosis Orientierung.

Ein Flexoffice- und Coworking-Anbieter

Das Start-up 1000 Satellites hat sich seit seiner Gründung 2019 in der Metropolregion Rhein-Neckar als Anbieter flexibler Büroflächen für Mitarbeiter:innen von Corporates erfolgreich etabliert. Mit München und Hamburg gilt es nun, das Geschäftsmodell auf weitere Regionen auszuweiten und zum Scale-up zu werden. Die gemeinsame Erarbeitung des Markenprofils dient zur Konsolidierung der Strategie nach den Anfangsjahren und Fokussierung der Organisation in Vorbereitung ihrer nächsten Wachstumsschritte. Allen Bereichen innerhalb der Unternehmung dient es als klarer Leistungsauftrag für Ausbau und Optimierung des Angebots: Von der Definition der vertrieblichen Zielgruppen über die Anforderungen an den Betrieb der flexiblen Büroflächen bis zur Kommunikation.

Die Entwicklung dieses Markenprofils begleitete Lucas von Gwinner als freier Markenberater.

Markenprofil 1000 Satellites

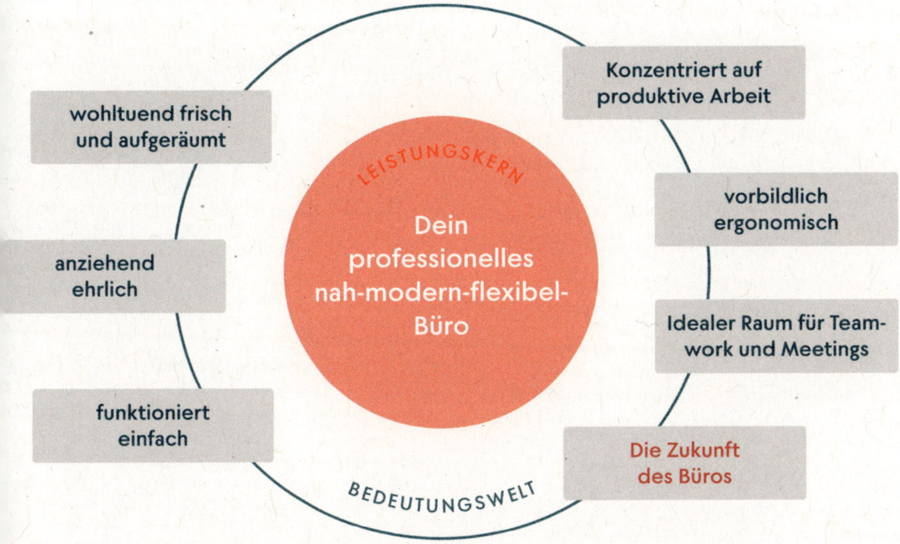

Detailbeschreibung des Erfolgsmusters »Die Zukunft des Büros«

Bedeutung
Die Zukunft des Büros braucht Satelliten. Denn Büroarbeit wandelt sich: partielle Remote-Arbeit, flache Organisationshierarchien, hochmobile Schreibtisch-Arbeitsplätze. (...) Künftige Büros organisieren sich in Satelliten-Konstellationen: Jede:r einzelne in bestimmter Stellung zueinander und alle in Wechselwirkung miteinander. Dafür sind wir angetreten: 1000 Satellites bietet die Zukunft des Büros. (...) Wir nehmen das so ernst, dass (...) sich auch die Arbeitsplätze unserer Mitarbeiter:innen ganz transparent auf den eigenen Co-Working-Flächen befinden.

Differenzierungschance
Viele reden vom Büro der Zukunft. Wir leben es. Konsequent und immer. Darum wissen wir auch, was wirklich funktioniert und was nur Blabla ist – das macht den Unterschied.

Eine Agentur für Design und Kommunikation

2012 gründeten zwei Österreicher in Hamburg das Make Studio. Heute entwickeln rund ein Dutzend Kolleg:innen dort Marken- und Produkterlebnisse für qualitätsjournalistische Medien, gemeinnützige Organisationen und verantwortungsvolle Unternehmungen, die in ihrem Bereich wegweisend sind. Über die Zeit kam zum Fokus auf Brand und Digital Design zunehmend auch Beratungs-, Moderations- und Strategiearbeit für die Klient:innen hinzu. Nach ersten positiven Erfahrungen in Projekten mit klaren Markenprofilen entschied sich Make Studio auch in diesem Bereich inhaltlich und personell stärkere Kompetenzen aufzubauen. In diesem Zuge entstand auch das eigene Markenprofil – schließlich gilt: Practice what you preach.

Die Entwicklung dieses Markenprofils begleiteten Stefan Sippell und Lucas von Gwinner als freie Markenberater.

Markenprofil Make Studio

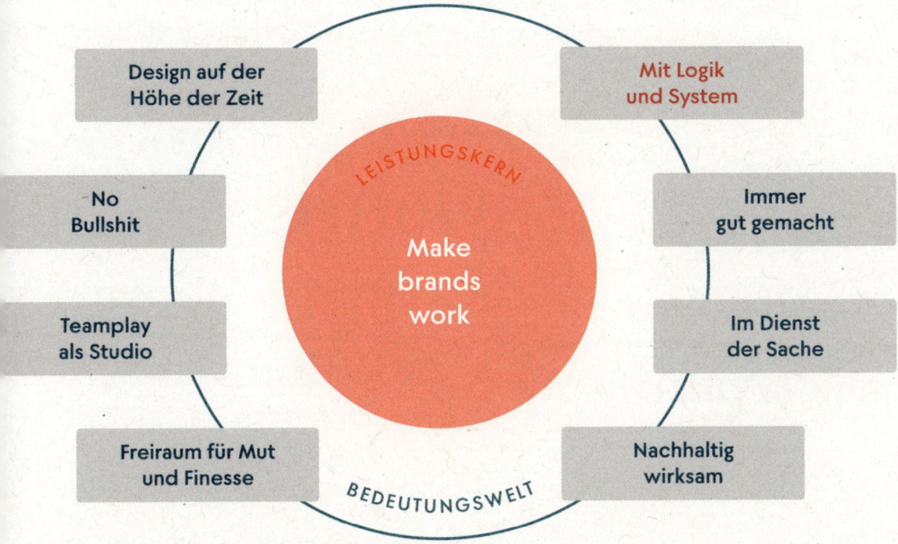

Detailbeschreibung des Erfolgsmusters »Mit Logik und System«

Bedeutung

Ein Designvorschlag, so heißt es oft, muss das Herz erreichen, die Sinne ansprechen, emotionalisieren, ein »Wow« auslösen. Das ist richtig, aber ist es auch genug? So lange die Entstehung und Bewertung von Gestaltung zu sehr von Bauchgefühl und Geschmack abhängen, bleibt die Umsetzung immer mühsam – und die Wirkung ein Glücksspiel.

Differenzierungschance

Make Studio entwickelt Design- und Markenerlebnisse nicht um zu beeindrucken, sondern um zu überzeugen: mit Lösungen, die sich logisch aus der Marke ableiten, systematisch Sinn ergeben – und sich deshalb einfach und konsistent anwenden lassen. »Wow«: nachvollziehbar wirksam, länger haltbar, gezielt reproduzierbar. Mit Logik und System.

Das wichtigste Wort:

Nein.

→ Starke Marken wissen nicht nur genau, was sie machen, sondern vor allem, was sie nicht machen. Das, was sie weglassen, macht sie besonders wiedererkennbar.

Sich treu werden erfordert kühne Entscheidungen

In jeder Unternehmung gibt es Themen, von denen klar ist, dass hier eigentlich mal eine grundsätzliche Richtungsentscheidung her muss. Sollen wir das wirklich weitermachen oder schadet uns das eher? Oder: Wenn wir mit dem Thema beginnen, müssten wir da eigentlich richtig konsequent einsteigen. Bei der Entwicklung eines Markenprofils werden immer auch diese Fragen implizit mitverhandelt. Denn das ist es, worum es bei der Identität einer Marke ja geht: der Unternehmung eine Richtung zu weisen.

Daher gibt es zahlreiche Beispiele, bei denen Unternehmungen im Anschluss an die Entwicklung ihres Markenprofils große, mutige Entscheidungen treffen. Nur dass sie sich innerhalb der Organisation dann meist gar nicht mehr so unvorstellbar mutig anfühlen, sondern einfach nur folgerichtig.

Ein Parkett-Hersteller verzichtet auf 11 % Umsatz

Die österreichische Familienunternehmung Weitzer Parkett gehört zu Europas führenden Parkettherstellern. Als echter Vollsortimenter hatte die Familienunternehmung noch vor Jahren hölzerne Bodenbeläge in jeder Art und Qualität im Programm. Als sich die Unternehmung an die Entwicklung eines strategischen Markenprofils machte, war in den Diskussionen um die zukünftige Ausrichtung eines schnell klar: Der respektvolle und schonende Umgang mit der Natur muss eines der künftigen Erfolgsmuster der Marke werden.

In diesem Sinne verabschiedete die große Projektgruppe mit Beteiligten aus allen Bereichen und Ebenen der Organisation die endgültige Fassung ihres Zukunftsbilds. Damit war die Richtung klar und die Zeit gekommen, sich den unvermeidlichen Folgen zu stellen: 11 % des Umsatzes machte Weitzer Parkett mit Produkten aus Tropenholz.

Aufgrund des Umsatzanteils war dieses Thema bis dahin kaum antastbar, doch im Lichte der neuen strategischen Vorgabe war nun jeder und jedem klar, dass diese Produkte für die Glaubwürdigkeit der Unternehmung künftig nicht mehr tragbar sein werden.

Und so wurde die vormals kaum vorstellbare Entscheidung getroffen: Neben der massiven Investition in eigene Wälder, neue Produkte und hochwertigen Vertrieb wird der Verkauf von Tropenholz schnellstmöglich eingestellt. Geschadet hat es der Bilanz nur kurzfristig, denn innerhalb weniger Jahre gelang es Weitzer Parkett mit nutzenorientierten Produkten zum Innovationsführer am Markt zu werden und die Umsätze deutlich zu steigern.

Ein Supermarkt backt riesige Brotlaibe

Schon seit den Siebzigerjahren betreibt Interspar eigene Bäckereien. An inzwischen acht Standorten in ganz Österreich backen diese täglich frische Back- und Konditoreiwaren für die 70 stationären Hypermärkte. Doch die guten Voraussetzungen einer eigenen handwerklichen Produktion mit entsprechend hoher Produktqualität war zunehmend schwer zu vermarkten. Zum einen, weil frische Backwaren für Kund:innen viel erreichbarer sind – sozusagen rund um die Uhr an jeder Tankstelle. Zum anderen, da auch andere im Lebensmitteleinzelhandel darauf reagiert haben, dass frische Backwaren für die Kund:innen ein entscheidendes Kriterium bei der Wahl der Kaufstätte sind – weshalb sie inzwischen auch jeder Discounter führt.

Darum erteilte Interspar einer cross-funktional aus allen Geschäftsbereichen besetzten Projektgruppe den Auftrag, die Neuausrichtung zum führenden Bäcker im österreichischen Lebensmittelhandel vorzubereiten und umzusetzen. Begleitet vom Institute of Brand Logic wurde erst gemeinsam der Status quo analysiert und dann ein klares, differenzierendes Zukunftsbild entwickelt. Wenn frische Backwaren überall verfügbar sind, so der gemeinsame Beschluss, muss Interspar künftig die Differenzierung über die Qualität handwerklich hergestellter Backwaren mit dem vollsten Geschmack gelingen. Gesagt, getan:

Bereichsübergreifende Arbeitsgruppen setzten die Idee um. Gestrafftes Sortiment, überarbeitete Produkte, veränderte Verkaufstechniken, neuer Ladenbau und kommunikativer Auftritt stellen nun handwerkliches Backen und vollsten Geschmack in den Vordergrund. Innerhalb von Monaten wurden die bestehenden Prozesse und Strukturen umgestaltet und sichtbare Ergebnisse geschaffen. Damit das gelingt, steht die Organisation fortwährend im bereichsübergreifenden Dialog über den Projektfortschritt. Innerhalb von zwei Jahren wurde das neue Konzept in allen Hypermarktfilialen flächendeckend implementiert. Die neu ins Sortiment genommenen, traditionell gebackenen Großbrote bilden bis heute die Speerspitze der Geschmacksoffensive: Für einen Supermarkt-Bäcker ein unhandliches Produktformat. Erst die gemeinsame inhaltliche Auseinandersetzung über die Ziele der Marke machte es der Organisation möglich, den Wunsch für dieses Produkt ernsthaft zu verfolgen und Verkaufstechniken zu entwickeln, die es im Supermarkt-Umfeld vermarktbar machen. Die über zwei Kilo schweren Laibe sorgen für steigende Umsätze bei gleichzeitig sinkenden Verderbzahlen. Insgesamt stiegen die Absätze. Der Weg zum führenden österreichischen Bäcker im Lebensmittelhandel wurde erfolgreich eingeschlagen.

Ein Start-up setzt zum Markteinstieg auf hohe Preise und kaum Rabatt

Gerade junge Unternehmungen stehen oft früh vor Entscheidungen, die ihre Positionierung am Markt langfristig prägen. So ging es auch Kameramann Stefan Karle, als er sich entschied, mit einer Innovation in der Lichttechnik zum Unternehmer zu werden. Sein Produkt, ein selbst aufspringendes Richtgitter für die bessere Steuerung von weichem Licht am Filmset, vereinte und vereinfachte mehrere Funktionen der damals am Markt verfügbaren Lösungen. Die Idee war gut, sein Prototyp heimste gleich auf der ersten internationalen Messe einen Newcomer-Preis ein. Doch Fertigung ist kostspielig und das Geld als Start-up knapp. Lohnt es sich wirklich, jedes Richtgitter und seine Transporttasche nicht nur aus dem in der Lichttechnik gebräuchlichen schwarzen Textil zu nähen, sondern für deren Wiedererkennbarkeit dort immer auch weiße

Kederbänder einzuarbeiten? Sollte der Preis für das Produkt wirklich höher angesetzt werden als die der Wettbewerbsangebote? Sollte er bei der Produkteinführung tatsächlich auf die branchenüblichen Preisrabatte verzichten? Jede einzelne Frage hätte Stefan Karle ins Schlingern bringen können, doch er war nicht nur mit einer Produktidee gestartet, sondern hatte sich auch detailliert ausgemalt, welche Positionierung seine Unternehmung am Markt haben sollte, um nachhaltig erfolgreich zu werden. Sein erstes und auch alle weiteren Produkte sollten sich nicht in erster Linie um die wahrscheinlich größte Käufergruppe, also die Verleiher von Filmequipment, wenden, sondern sich stattdessen konsequent auf die Bedürfnisse der tatsächlichen Verwender ausrichten. Am professionellen Filmset sind das die Kameraleute, die sogenannten Directors of Photography. Kurz: die DoP. Für sie wollte er das attraktivste Angebot am Markt schaffen. Sie wollte er überzeugen, dass er die Marke für das smarteste und modernste Beleuchtungsequipment am Markt ist. Jede:r DoP, der/die etwas auf sich hält, sollte künftig Stefan Karles Produkte auf seine/ihre Wunschlisten an die Filmproduktion schreiben. Denn wie alle Filmleute reden auch DoP gern und viel über die beste und neueste Technik am Set. Ständig geht es um die neuesten Kameras oder Leuchten und welche Effekte sich damit herstellen lassen.

Orientiert an diesem klaren Zukunftsbild gewann er Sicherheit bei Richtungsentscheidungen in seinem Angebot, weil er so immer präsent hatte, was ihn seinen eigenen Zielen näherbringen würde. Der Arbeitstitel »Flux Lights« wurde verworfen und die Unternehmung »DoPchoice« getauft. Das machte viel klarer, wer mit dieser Marke glücklich werden würde. Um sich als Hersteller begehrter, innovativer Qualitätsprodukte für Profis zu präsentieren, entschied er sich, Rabatte nur sehr restriktiv und gegen messbare Gegenleistungen zu gewähren. Zudem sollte man schon am Preis erkennen, dass seine Richtgitter durch bessere Qualität punkten, anstatt den Wettbewerb mit billigen Preisen zu unterbieten, weshalb er seine Listenpreise konsequent leicht über den höchsten der Branche ansetzte. Und die Mehrkosten für das Einnähen weißer Kederbänder ins Produkt leistete er sich bewusst, um immer erkennbar zu sein.

Heute ist DoPchoice mit seinen Snapbags und Snapgrids die weltweit führende Premiummarke für Beleuchtungsequipment an Profi-Filmsets.

Kein namhafter Technik-Verleiher kann auf ihre Produkte verzichten, denn sie gehören zum Standard auf den Wunschlisten der besten DoPs der Welt. Was man auch daran erkennt, dass man die Marke erkennt: Kenner:innen fällt das Equipment mit den typischen weißen Nähten auf jedem Filmset oder Messestand direkt ins Auge. Und nicht wenige Beleuchter:innen und Kameraleute haben die coolen Transporttaschen von DoPchoice umgenutzt ... als Umhängetaschen auf der Schulter.

Formulierung des Markenprofils

Um ein Markenprofil in Worte zu fassen, gilt es alle relevanten Fakten und Trends rund um die Leistung der Unternehmung zusammenzutragen, zu bewerten und zusammenzufassen. Und das ist selbstverständlich nicht nur Fleißarbeit, sondern auch ein kreativer Prozess, bei dem Talent und die Erfahrung, Beobachtungen in die richtigen Worte zu gießen, sehr hilfreich ist. Auf die folgenden vier Punkte achten wir bei der Formulierung eines Markenprofils besonders:

Prägnant formuliert
Das strategische Profil der Marke klärt exakt, wofür eine Unternehmung (zukünftig) steht und was es nach innen und außen verkörpert. Es ist zwar ein internes Strategiedokument und keine Werbebroschüre, dennoch sollte es in verständlicher und eindeutiger Sprache geschrieben sein. Jedes einzelne Wort soll und wird künftig wieder und wieder in Diskussionen genutzt, interpretiert und verhandelt werden. Entsprechend sorgsam und treffend sollten die Worte gewählt werden.

Wirklich differenziert
Worauf sich alle einigen können, ist ein Allgemeinplatz, aber als strategischer Leitsatz bleibt er meist ohne Wert. Um wirklich zu definieren, wofür eine Marke steht, muss sie sich in ihren Aussagen von den Mitbewerbern am Markt klar abgrenzen. Und das heißt: Es muss jemanden

geben, der oder die das Gegenteil will – oder zumindest etwas deutlich anderes. Denn wenn alle für das Thema X stehen, dann taugt X nicht zur Differenzierung. Dann ist X nicht mehr als ein Hygienefaktor. Etwas, das man erfüllen muss, wenn man im Wettbewerb bestehen will. Markentypik aber entsteht dadurch nicht, denn die braucht den Widerspruch zu anderen, also die Abgrenzung vom Allgemeinplatz. Dann kann die Marke sagen: Wir sind die einzigen, die Y wollen, aber mit C und vor allem ohne Z.

Nicht selten erschöpfen sich Unternehmensleitbilder in der Aufzählung allgemeiner Aussagen: »Teamorientiertes und qualitätsbewusstes Arbeiten. Kompetente Lösungen aus einer Hand. Der Nachhaltigkeit verpflichtet.« Das hat kein profilierendes Potenzial für eine Marke. Wirkungsvolle Profile erfassen die differenzierende Typik des Angebots. Das heißt nicht, dass jeder einzelne Aspekt einzigartig im Wettbewerb ist, doch in Summe sollte der Unterschied klar erkennbar sein. Hilfreich ist dabei die Frage: Will jemand das Gegenteil?

Relevant für die gesamte Unternehmung

Alle Bereiche der Organisation sollten sich im Markenprofil wiederfinden. Immer wieder stoßen wir auf textlich bis zum letzten Beistrich ausgefeilte Leitbilder – die dann aber doch nur Aussagen zu Kommunikationsbotschaften und Gestaltung enthalten. Oder nur Aussagen zur gewünschten Kultur enthalten: Da findet sich dann der Wert »Spaß« bei Unternehmungen, für die ein wesentlicher Teil der Leistung der verlässliche Umgang mit hochsensiblen persönlichen Daten ist. Solche Leitbilder sind kontraproduktiv. Weil sie anderen Unternehmsbereichen nicht nur *nicht* nutzen, sie bestärken diese auch noch in der Auffassung, dass Marke sowieso nur Feelgood-Chichi sei, das keiner braucht. Ein gutes Markenprofil formuliert Prinzipien, die in jedem Bereich Gültigkeit haben – und eben nicht nur die Aspekte, die fürs Marketing oder die Kommunikation relevant sind. Wer Markenführung als Führung über Marke versteht, braucht ein Markenprofil, das der ganzen Unternehmung Orientierung bieten kann. Denn Marke ist eben der ganze Kuchen, nicht nur der Zuckerguss.

Alltagstauglich aufgebaut
Ein gutes Markenprofil ist ein in der ganzen Unternehmung universell einsetzbares Werkzeug. Die Herausforderung, die dieser Anspruch stellt: Nicht kompliziert werden. Verschachtelte Strukturen und komplizierte Argumentationen sind zu sperrig für die alltägliche Nutzung. Schließlich geht es auch ganz praktisch darum, das Leitbild in internen Diskussionen als Bezugspunkt anzuführen. Und das klappt deutlich schlechter, wenn dafür immer erst einmal ein mehrseitiges Dokument oder eine Grafik mit ineinander verschränkten Flächen, Pfeilen und Kringeln hervorzukramen ist. Wenn wir wirklich wollen, dass das Markenprofil im (Führungs-)Alltag der Unternehmung eine Rolle spielt, dann müssen wir auch die Widrigkeiten anerkennen, denen so ein Profil in der Praxis ausgesetzt ist. Damit ein Markenprofil als Führungsinstrument einsetzbar ist, müssen alle Führungsverantwortlichen es präsent haben. Und da zeigt sich immer wieder, dass ein möglichst einfacher Aufbau des Markenprofils deutlich merkfähiger ist als komplexe, elaborierte Modelle.

Kollektiv entwickeln, statt überstülpen

Markenprofile lassen sich für jede Art von Unternehmung formulieren. Und selbst wenn das Markenprofil noch nicht explizit aufgeschrieben ist, existiert es implizit meist schon. Es hat sich nur noch keiner die Mühe gemacht, es zu dokumentieren. Das könnte auch so bleiben, wäre es nicht so schwierig, die konsequente Umsetzung einer Strategie voranzutreiben, solange sie nur zwischen den Zeilen und im Bauchgefühl der Mitstreiter:innen zu finden ist. Nicht zuletzt, weil sich die Marke auch mit jedem neuen Mitarbeiter und jeder neuen Mitarbeiterin, der bzw. die sehr wahrscheinlich nicht systematisch an sie herangeführt wird, immer weiter verwässert. Daher ist ein verschriftlichtes Profil unerlässliche Grundlage für die Arbeit mit und an der Marke. Es gilt also herauszufinden und explizit zu formulieren, wofür sie steht.

Inhaltlicher Aufbau und präzise Formulierung sind jedoch nur zwei der Bausteine eines wirkmächtigen Markenprofils, vermutlich sogar die kleineren. Denn für den Erfolg ist es sehr viel entscheidender, dass das Markenprofil als Werkzeug von der gesamten Organisation nachvollzogen und als verbindlich angesehen wird. Es kommt also darauf an, wie der Prozess der Markenprofil-Entwicklung gestaltet wird. Schließlich muss es das Ziel sein, dass das Projekt Marke zu einer nachhaltig identitätsbildenden Erfahrung für die Organisation wird.

Darum empfehlen wir, ein Markenprofil immer kollektiv zu entwickeln. Die Alternative wäre, es in kleiner Gruppe vorzubereiten und der Organisation anschließend überzustülpen, wie es noch immer oft gemacht wird. Das führt in aller Regel zu Akzeptanzproblemen, die deutlich zeit- und kostenaufwendiger zu beheben sind, als das Thema Marke von vornherein mit moderierten Diskussionen in großer Projektgruppe über mehrere Wochen oder auch Monate anzugehen. Die Erfahrung zeigt: Wird eine so grundsätzliche strategische Vorgabe wie die Marke in kleiner Runde entwickelt und anschließend in die Organisation verkündet, gelingt es nur sehr viel schlechter, die notwendige Energie für die Umsetzung zu erzeugen. Ist jedoch eine große Gruppe von Beginn an involviert, empfinden sich alle als Miterfinder:innen und Geburtshelfer:innen der Strategie und werden in der Folge die Umsetzung treiben oder zumindest wohlwollend unterstützen.

Wie genau ein kollektiver Prozess die Energie entfesselt und Widerstände verringert, beschreiben wir im Kapitel »Transformation«. Seite 169 ←

Wir nutzen die Diskussion in großer Gruppe, um viele Perspektiven auf das Thema zu erhalten. Denn jede:r hat einen anderen Blick auf die Dinge.

Ablauf Markenprojekt

1. Gemeinsame Bestandsaufnahme und Einigkeit über den Status quo

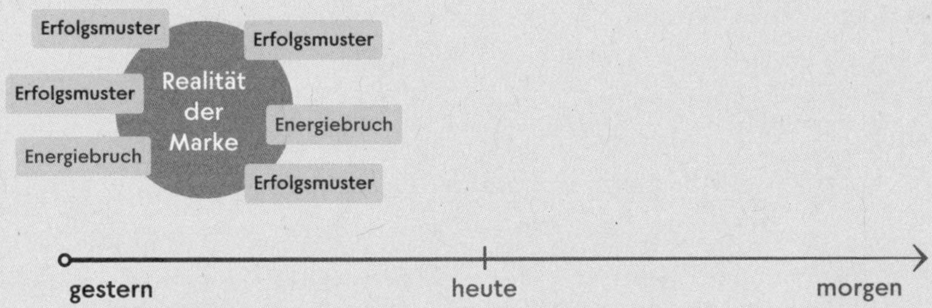

2. Gemeinsame Erarbeitung und Einigkeit über das Zukunftsbild

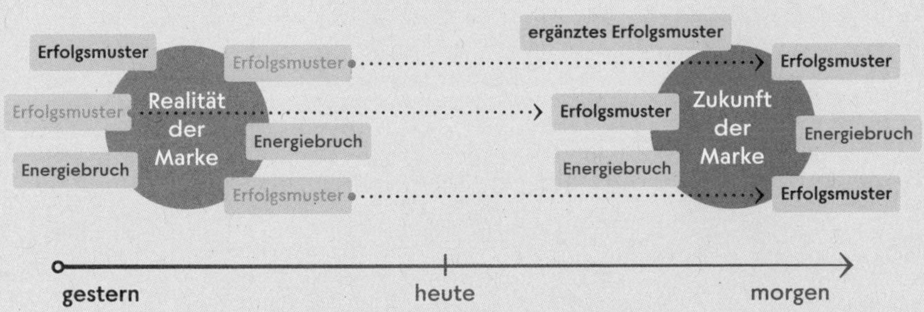

3. Beginn der gemeinsamen Realisierung des Zukunftsbilds auf dieser Basis

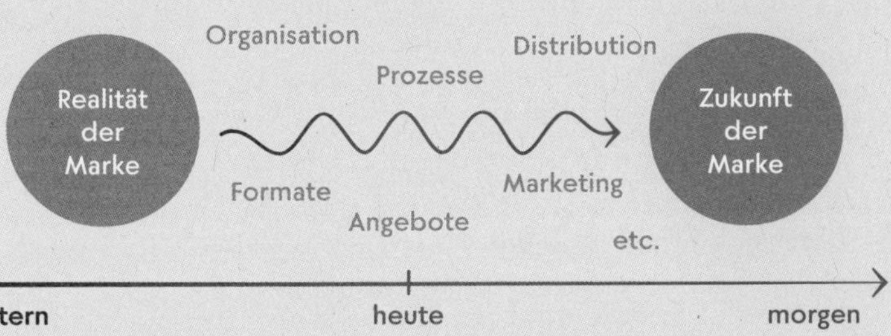

Der Prozess, ein Markenprofil zu erarbeiten, sollte damit beginnen, eine interdisziplinäre Projektgruppe zusammenzustellen. Das wesentliche Kriterium für ihre Zusammensetzung ist es, einen repräsentativen Kreis von Führungskräften und Mitarbeiter:innen, Vertreter:innen aller Funktionen, Bereiche, Hierarchiestufen, Betriebszugehörigkeiten, Geschlechter und Altersklassen zusammenzuführen. Je nach Größe der Unternehmung sind Gruppengrößen von 20 bis 80 Personen dabei nichts Ungewöhnliches. Um die Projektgruppe administrativ zu steuern, sollte eine interne Projektleitung benannt werden. Sie übernimmt das Projektmanagement nach innen, dient als Info-Drehscheibe, hört in die Unternehmung hinein, koordiniert und organisiert Workshops und Termine. Zusätzlich sollte eine Kerngruppe definiert werden, zusammengesetzt aus Top-Führungskräften, sowie der Geschäftsleitung für die Entscheidungsfindung und Weichenstellung im Projekt. Auch sollte von Beginn an klar sein, dass die Arbeit in der Projektgruppe ohne regelmäßige Anwesenheit der obersten Führungskraft (Gründer:in, Geschäftsführer:in, ...) bei allen entscheidenden Meetings nahezu unmöglich ist. Immer wieder zweifeln Chef:innen, ob in Workshops und Großgruppen-Diskussionen wirklich alles zur Sprache kommt, wenn sie anwesend sind. Unbestreitbar gibt es das Phänomen, dass einige Mitarbeiter:innen sich abwartender am Dialog beteiligen, sobald der oder die oberste Vorgesetzte im Raum ist. Doch das lässt sich durch Moderation gut auflösen. Viel fataler ist das Signal, das von der Abwesenheit der Chef:innen ausginge: Die Relevanz und Legitimation des Projekts wird verringert. Marke ist Chef:innensache, darum ist die Anwesenheit der Führungspersonen im Projekt zwingend notwendig.

Um das Markenprofil zu entwickeln, wird die Projektgruppe für den Zeitraum des Projekts zur Dialog-Plattform, auf der die Realität und Zukunft der Unternehmung erkundet und reflektiert wird. Themen, die bislang nur in Aspekten in kleinen Leitungsrunden oder auch nur – vor allem von unteren Hierarchieebenen – informell in der Kaffeepause verhandelt werden, erhalten einen offiziellen Rahmen: Die Projektgruppe ist ein geschützter Raum mit geregelten Prozessen, um gemeinsam Wissen aufzubauen und die künftige inhaltliche Strategie auszuhandeln.

Externe Beratung und Moderation sind in solch einem Prozess unabdingbar. Moderation braucht es, um die Gruppe dabei zu unterstützen, gut und ehrlich in den Dialog zu kommen und den Wald vor lauter Bäumen zu erkennen. Und Beratung sorgt durch die Erfahrung mit vergleichbaren Prozessen für mehr Sicherheit und Disziplin im gesamten Projekt. Dabei sollte die Rolle der externen Begleiter jedoch auch nicht überschätzt werden, denn der wesentliche Teil der Aufgabe liegt immer bei der Unternehmung: Nur die Organisation selbst hat tiefe Erfahrung in ihrem Geschäft und kennt alle Zahlen, Daten und Fakten zu ihren Angeboten und Leistungen. Externe begleiten Projekte, doch die Organisation selbst wird auch anschließend in voller Intensität an ihrem Angebot arbeiten. Weiter und immer weiter. Somit können Moderator:innen und Berater:innen Prozesse als Projekt führen, es treiben und die richtigen Fragen und Weichen stellen, doch weder können sie die notwendigen Antworten im Detail geben, noch würde es helfen, wenn sie das Geschäft bis in alle Tiefe verstanden haben. Das zu lernen und zu leisten ist die Aufgabe der Unternehmung selbst.

Herausfinden, nicht erfinden

Ein Markenprofil lässt sich nicht erfinden, du kannst es nur herausfinden. Bevor also über die Zukunft der Unternehmung gesprochen wird, muss erst ein gemeinsames Bild vom Status quo geschaffen werden. Oft wird unterschätzt, wie sehr die Bewertung der aktuellen Situation innerhalb der Organisation voneinander abweicht. In größeren Unternehmungen beobachten wir oft, dass Themen, die der Vertrieb als zentrale Herausforderung begreift, beispielsweise dem Marketing als Nebensächlichkeit gelten. Und die Kolleg:innen aus dem Personal sehen sich Trends ausgesetzt, von denen in der Produktion bislang keiner etwas spürt. Ganz typisch ist auch, dass in jungen Unternehmungen, die nach einigen Jahren vor dem Wechsel vom Start-up zum Scale-up stehen, ganz unterschiedliche Auffassungen existieren, was bei ihnen gut und was weniger gut funktioniert. Die Entwicklung eines Markenprofils ist daher immer auch eine Konsolidierung der bisherigen Erfolgsmuster. Sowie das Ausmachen und Ausmerzen wiederkehrender Schwachstellen. Letztere bezeichnen wir auch gern als »Energiebrüche«, weil das so treffend benennt, was sie der Marke entziehen. Um also Erfolgsmuster und Energiebrüche identifizieren zu können, gilt es zunächst den Status quo der Unternehmung im Detail zu erfassen, zu diskutieren und zu bewerten. Die mit der Entwicklung des Markenprofils betraute Projektgruppe erarbeitet sich so ein einheitliches Fundament, auf dem das Zukunftsbild entstehen kann.

Der Wert dieser Analysephase zu Beginn kann kaum überschätzt werden. Klar gehören Bestandsaufnahmen zum üblichen Repertoire von Strategieprozessen und Konzeptentwicklungen. Doch meist erfolgt sie eilig, schließlich ist das alles Rückschau und das Ziel ist doch, sich endlich mal ausführlich mit der Zukunft zu befassen. Doch diese Sicht ist nachlässig, denn eine fundierte, von allen verstandene Analyse ist absolut zentral als Grundlage für ein tragfähiges Zukunftsbild.

Weil es so wichtig ist, nehmen wir uns doch einfach einen Moment und schauen mal darauf, wie so eine Analyse üblicherweise abläuft:

Externe Berater:innen tragen den Status quo zusammen. Anschließend präsentieren sie ihre Ergebnisse einer meist kleinen Projektgruppe aus der Unternehmung, etwa der Geschäftsleitung sowie den Vertriebs- und Marketing-Verantwortlichen. In dieser Präsentation werden in der Regel sowohl positive als auch negative Eigenschaften der Unternehmung pointiert beleuchtet, was das Publikum mit gemischten Gefühlen und eher konsterniert zurücklässt. Um das nicht so stehen zu lassen, wird daher meist direkt zum Zukunftsbild übergeleitet.

Wir sagen, dass sich in diesem Prozessdesign gleich drei dicke Fehler verstecken. Erstens können Externe die Erfassung der Marken-Realität zwar begleiten und moderieren, sie sollten das jedoch nie allein tun. Es ist wichtig, dass möglichst viele der dort gesammelten Erfahrungen durch die Vertreter:innen der Unternehmung selbst zusammengetragen werden. Denn nur so haben sie die Gelegenheit, die Realität ihrer Marke zu reflektieren und daraus Erkenntnisse zu ziehen. Zweitens sollte das Publikum bei der Ergebnispräsentation des Status quo möglichst groß und aus Repräsentant:innen aller Bereiche der Unternehmung zusammengesetzt sein. Weil es alle betrifft und später von entscheidender Wirkung ist, dass jede:r einmal das detailreich gezeichnete Spiegelbild der Markenrealität gesehen und erkannt hat. Und drittens braucht die Rezeption einer Bestandsaufnahme Zeit. Daher sollte während der Präsentation immer auch Gelegenheit zur Diskussion vorgesehen werden. Und nach der Vorstellung ausreichend Zeit gegeben werden, um das Gesehene zu verdauen und zu akzeptieren. Und ausreichend Zeit meint aus unserer Sicht nicht nur eine Kaffeepause, sondern eher ein paar Nächte. Um es sacken zu lassen, darüber zu schlafen und auch die Gelegenheit zu bieten, mit den Kolleg:innen noch einmal im informellen Rahmen darüber zu reflektieren, bevor es mit der Entwicklung der Zukunft weitergeht. Der Analysephase diesen Raum zu geben, verstärkt ihre Wirkung deutlich. Weil sie so unter allen Beteiligten eine einheitliche Auffassung über die bestehenden Stärken, Schwächen und Herausforderungen schafft. Und jede:r bis ins Detail die Dringlichkeit des Wandels vor Augen geführt bekommen hat.

Alles, was für die Erarbeitung eines Markenprofils gebraucht wird, findet sich in der Unternehmung, nicht außerhalb. Für die Analyse gilt es daher, dem Reflex zu widerstehen, sich als erstes in Marktstudien zu vergraben und Marktforschung zu beauftragen. Stattdessen hat es sich als am wirkungsvollsten erwiesen, damit zu beginnen, den bereits vorhandenen Wissensschatz der Organisation zu heben. Schließlich sind alle Kolleg:innen echte Fachleute, die sich jeden Tag mit den Kund:innenwünschen, dem Markt, der Konkurrenz, den Lieferant:innen, den Bewerber:innen und noch vielem mehr befassen. Dieses Detailwissen aus der Erfahrung der Mitarbeitenden wird keine noch so gute Marktforschung oder Fokusgruppendiskussion liefern. Und genau darum ist es so wertvoll, das Wissen des gesamten Teams mit an den Tisch zu holen. Diese Bestandteile für eine Analyse des Status quo einer Unternehmung haben sich als besonders ertragreich und wirkungsvoll bewährt:

- **Den Erfahrungsschatz anzapfen**
  Interviews mit allen Vertreter:innen der Projektgruppe sowie ausgewählten weiteren Personen, welche die Unternehmung lange begleiten und kennen (Kund:innen, Lieferant:innen, Beiräte, Business Angel, Berater:innen etc.)
- **Die Zahlen kennen**
  Analyse der Zahlen, Daten, Fakten der Unternehmung
- **Das Angebot erleben**
  Dokumentation aller Kontaktpunkte entlang der Erlebniskette
- **Auf Benchmark-Safari gehen**
  Vertreter:innen der Organisation die Angebote des Wettbewerbers erleben und einschätzen lassen

Für die anschließende Dokumentation der Markenrealität empfiehlt sich die Verdichtung der Diskussionsergebnisse auf Erfolgsmuster und Energiebrüche.

Der Prozess der Markenprofil-Entwicklung beginnt mit der Erfassung der Realität und das ungeschönt und ohne Wertung, Vorwürfe, Schuldzuschreibung oder ähnliches.

Den Erfahrungsschatz anzapfen

Die wertvollste Quelle jeder Bestandsaufnahme sind die individuellen Meinungen und Erfahrungen derer, die täglich für und an der Marke arbeiten. Also jede Mitarbeiterin und jeder Mitarbeiter sowie wichtige Zulieferer:innen und Kund:innen. Ist die Organisation zu groß, um alle zu befragen, empfiehlt es sich, einen großen repräsentativen Kreis mit einzubeziehen: aus jedem Bereich, auf jeder Hierarchiestufe, mit langer und kurzer Betriebszugehörigkeit – kurzum: so vielfältig wie eben möglich. Auch die Kundschaft, Lieferant:innen oder langjährige Begleiter:innen der Unternehmung, wie Beiräte, Business Angel oder Berater:innen etc. sollten befragt werden.

Wir empfehlen für diese Aufgabe einen qualitativen, halbstandardisierten Fragebogen mit vielen, vielen Fragen zur Marke. Als Beispiel stellen wir hier einen Fragebogen für Mitarbeiter:innen der Unternehmung bereit, der für andere Stakeholder der Unternehmung nur leicht angepasst werden müsste. Er versammelt über 60 Fragen, bei denen es nicht darum geht, wirklich alle zu beantworten. Die Bitte an die Befragten lautet, sich die individuell passenden Fragen vorzunehmen und ausführlich zu beantworten. Der Fragenkatalog soll zudem für jede:n Projektbeteiligte:n eine erste Anregung sein, über den Status quo der eigenen Marke intensiver nachzudenken. Worum es bei den Fragen bewusst nicht geht, sind Vorschläge oder Lösungen für die Zukunft – hier liegt der Fokus erst einmal auf der Realität.

Noch etwas ist wichtig: Die Antworten auf den Fragenkatalog sollten im weiteren Verlauf der Markenarbeit anonymisiert verwendet werden. Schließlich geht es nicht darum, *wer* etwas sagt, sondern nur darum, *was* gesagt wird.

Mitarbeiter:innen-Fragebogen zur Realität der Marke

Zur Einstimmung

1. Bitte stelle dich kurz vor: Beruflicher Werdegang, bisherige Erfahrung in der Branche, bisherige und zukünftige Funktion/ Aufgabenbereich?
2. Warum bist du bei der Marke?

Die Geschichte der Marke von der Gründung bis heute

1. Was kann die Marke seit jeher besonders gut?
2. Was waren wichtige Meilensteine, Erfolge und Krisen?
3. Was macht die Marke aus?
4. Was würde fehlen, wenn es die Marke nicht gäbe?
5. Wofür ist die Marke bekannt?
6. Wofür ist die Marke nicht bekannt?
7. Was sollte die Marke nie aufgeben?
8. Gibt es Entwicklungen der Marke, bei denen du das Gefühl hast, dass sie in die falsche Richtung gehen?

Die Nutzer:innen der Marke

1. Wer sind die typischen Nutzer:innen der Marke? Aus welchen Gründen kommen sie immer wieder?
2. Woran erinnern sich Nutzer:innen, wenn sie an die Marke denken?
3. Worüber sprechen Nutzer:innen, wenn sie die Marke weiterempfehlen?

4. Bei welchen Fragestellungen/Bedürfnissen denken Nutzer:innen zuerst an die Marke?
5. Was sind typische Nicht-Nutzer:innen? Was sagen/denken diese über die Marke?
6. Was frustriert Nutzer:innen der Marke erfahrungsgemäß? Welche Nutzer:innen-Beschwerden gibt es immer wieder?
7. Wer ist für die Marke der/die Traum-Nutzer:in?
8. Von Niedriglöhner:in bis Top-Verdiener:in – wo ordnest du die Nutzer:innen der Marke ein?
9. Warum sollte jemand sich für die Nutzung der Marke entscheiden? Und warum entscheidet er bzw. sie sich tatsächlich?

Der Markt und der Wettbewerb

1. Wer sind die Wettbewerber?
2. Wer werden künftige Wettbewerber sein?
3. Was zeichnet die genannten Wettbewerber aus?
4. Worin unterscheidet sich die Marke eindeutig vom Wettbewerb, wie grenzt sie sich ab?
5. Was sind die aktuellen und künftige Erfolgsfaktoren in ihrem Sektor / ihrem Tätigkeitsgebiet / ihrer Branche?

Die Kontaktpunkte der Marke

1. Wie läuft die typische Nutzung des Angebots der Marke ab?
2. Was erlebt der oder die Nutzer:in – Schritt für Schritt?
3. Was ist bei den Markenkontaktpunkten immer gleich, was zieht sich durch?

4. Erleben Nutzer:innen die Marke je nach Kanal unterschiedlich?
5. Zu welchen Teilen des Angebots haben die Nutzer:innen Fragen? Was fragen sie konkret?
6. Was stört dich am Angebot? Was entspricht aus deiner Sicht nicht dem Anspruch der Marke?
7. Welche Leistungen der Marke gefallen dir am besten und warum?

Die Angebote und Themen der Marke

1. Wenn du an die Angebote und Themen der Marke denkst: Welche sind schon seit jeher/seit langem erfolgreich? Warum?
2. Welche Angebote und Themen werden die Marke in Zukunft anziehend machen und stärken?
3. Welche Angebote und Themen sind oder werden weniger erfolgreich und warum?
4. Gab es in der Vergangenheit Flop-Angebote und -Themen und wie ist es dazu gekommen?
5. Welche Angebote und Themen entsprechen bei kritischer Betrachtung nicht dem Anspruch der Marke?
6. Nach welchen Kriterien entscheidet die Marke heute über Aufnahme, Veränderung oder Abschaffung von Angeboten oder Themen?
7. Welche Angebote und Themen sind aus deiner Sicht typisch für die Marke?
8. Welche Angebote und Themen müssten aus dem Programm/Sortiment genommen werden, um das spezielle Angebot eurer Marke zu stärken?

Die Kommunikation nach außen, das Marketing

1. Was ist die zentrale Botschaft der Marke?
2. Welche Kommunikationswege nutzt die Marke?
3. Wie und wo werden Nutzer:innen auf die Marke aufmerksam?
4. Wenn die Marke eine Person wäre, wie wäre sie dann?

Die Zukunft der Marke

1. Welche Eigenschaften sollte die Marke unbedingt in die Zukunft mitnehmen? Welche sollte sie hinter sich lassen?
2. Wofür sollte die Marke morgen stehen?
3. Was sollen begeisterte Nutzer:innen in 5 Jahren über die Marke erzählen?

Die Organisation der Marke

1. Was macht dir am meisten Spaß in der Organisation?
2. Was frustriert dich in der Organisation?
3. Worin ist die Organisation besonders gut?
4. Gibt es besondere Fertigkeiten, über die nur die Organisation verfügt?
5. Was sind die größten Herausforderungen in der Arbeit bei der Marke?
6. Welche Erkenntnisse aus dem Nutzungsverhalten fließen heute in die Arbeit der Marke ein?
7. Was könnte die Organisation aus dem Nutzungsverhalten lernen?

Das Klima in der Organisation

1. Gibt es ein Wir-Gefühl bei der Marke als Gesamtorganisation und in den einzelnen Bereichen/Standorten/…?
2. Gibt es Personengruppen oder Bereiche in der Organisation, die außen vor sind?
3. In welchem Rahmen tauschen sich die Mitarbeitenden im Bereich/am Standort und über Bereiche/Standorte hinweg aus?
4. Wie verbreiten sich Informationen innerhalb der Unternehmung?
5. In welchen Zeiten, in welchen Momenten ist die Stimmung in der Organisation bzw. in bestimmten Bereichen besonders gut?
6. Was müsste passieren, damit die Stimmung in der Organisation bzw. in bestimmten Bereichen sinkt?

Die Marke als Arbeitgeber

1. Wird die Marke als attraktiver Arbeitgeber weiterempfohlen? Und warum bzw. warum nicht?
2. Deine Position: Warum machst du diesen Job bei der Marke? Was wäre bei anderen Arbeitgebern besser?
3. Aus welchen Gründen verlassen Mitarbeiter:innen die Organisation?
4. Gab es einschneidende Erlebnisse in deiner bisherigen Zeit bei der Organisation, positive wie negative?

Zum Abschluss

1. Du hast drei Wünsche frei: Was sollte bei der Marke ab morgen anders sein?
2. Haben wir etwas vergessen: Möchtest du noch etwas anmerken?

Die Zahlen kennen

Natürlich gehört zu jeder Markenprofil-Entwicklung neben den Einschätzungen zu Trends und den weichen Faktoren durch Kolleg:innen und Expert:innen auch ein tiefer Blick auf die Kennzahlen. Schließlich wollen Unternehmungen, dass ihr Angebot genutzt wird. Wie gut das gelingt, lässt sich quantifizieren. Und auch der Umgang mit den Zahlen ist aufschlussreich: Auf welche Daten wird in der Unternehmung stark geachtet? Welche hat sie überhaupt nicht im Blick? Wie wird über die Entwicklung der Zahlen gesprochen und reagiert?

Welche Zahlen in diese Analyse einfließen müssen, ist stark abhängig vom konkreten Geschäft. Alles, was ein detaillierteres Bild zeichnet, ist willkommen. Ob Umsatzzahlen und Nutzungsdauer oder Bewerberzahl und Mitarbeiter:innenzufriedenheit – es gilt möglichst alles anzuschauen, um herauszufinden, was das Geschäft bestimmt. Neben intern erfassten Zahlen ist es natürlich auch interessant, externe Daten wie Marktstudien und ähnliches zu sehen. Aber eben in dieser Reihenfolge: Erst das interne Zahlenwerk in seiner Tiefe verstehen, dann den Blick nach außen wagen.

Ein Markenprofil ohne Kenntnis des Zahlenwerks zu schreiben, ist nicht ratsam, auch wenn es überraschend häufig vorkommt. Denn erst ein Blick in die Zahlen verdeutlicht, wo das Angebot der Marke wirklich Resonanz verursacht. Was wird häufig genutzt, viel gekauft oder stark nachgefragt? Manches, was wichtig scheint, trägt kaum zum Umsatz bei. Und nebensächlich Wirkendes erfreut sich großer Nachfrage. Dabei ist längst nicht alles, was für Umsatzrendite sorgt, auch strategisch sinnvoll. Und manches, was sich gerade eben trägt, besonders rufprägend oder in Zukunft entscheidend. Darum nimmt ein fundiertes Markenprofil Stellung zu den Zahlen. Etwa mit klaren Hinweisen, anhand welcher Kennzahlen sich der Erfolg konsequenter Positionierung ablesen lassen kann. Eine Marke, die sich vornimmt, das Premiumsegment zu erobern, sollte ihren Erfolg nicht mehr nur an der Zahl verkaufter Einheiten, sondern auch an der Steigerung des Werts pro Einheit festmachen. Eine Marke, die sich vornimmt, neben Händlerpartner:innen nun auch Endkund:innen zu erreichen, liest ihren Erfolg künftig nicht nur an gesteigerten Kund:innenzahlen, sondern auch am kleiner werdenden Warenkorb pro Verkauf ab. Und eine Marke, die ihr Sortiment auf angrenzende Kategorien erweitern möchte, tut gut daran, neben dem Umsatzerfolg auch im Auge zu behalten, ob der Produktmix tatsächlich bunter wird. Die Vorgaben des Markenprofils auch mit den quantitativen Aspekten der Unternehmung zu verzahnen ist wichtig, um auch für die eher von Zahlen getriebenen Bereiche der Unternehmung, etwa das Controlling, anschlussfähig zu sein.

Das Angebot erleben

Konsistenz macht Marken stark. Darum bemühen sich Marken, an jedem Kontaktpunkt ein einheitliches Erlebnis zu bieten. Klingt trivial, ist in Wahrheit die aufwendigste Aufgabe der Markenarbeit. Und wie unterschiedliche Erhebungen immer wieder zeigen, glauben Unternehmungen intern ihre Kontaktpunkte etwa um den Faktor 10 besser im Griff zu haben als das ihre Kundschaft empfindet. Zu einer vollständigen Bestandsaufnahme gehört daher immer auch die aufmerksame Dokumentation der aktuellen Kontaktpunkte. Was gibt es dort tatsächlich zu erleben? Spoiler: In aller Regel ist der Eindruck ernüchternd.

Wie eine Kontaktpunkt-Analyse im Einzelnen aussieht, unterscheidet sich je nach Leistungsangebot der Unternehmung: Im Grunde ist die Aufgabe aber immer, die Reise der Nutzer:innen durch das Angebot möglichst vollständig nachzuvollziehen. Von der ersten Recherche über die Kontaktaufnahme mit der Marke bis zur Evaluation und schließlich Nutzung des Angebots. Und weil es in der Regel nicht nur eine:n Nutzer:in und auch nicht nur eine mögliche Customer Journey gibt, gilt es dabei meist eine ganze Reihe Kontaktpunkt-Varianten zu erfassen und zu bewerten. Und das nicht nur vom Schreibtisch aus, sondern so realitätsnah wie möglich. Denn es ist etwas grundsätzlich anderes, einen Verkaufspunkt oder eine Nutzungssituation live und vor Ort zu erleben, als den Eindruck nur aus Erzählungen oder Fotos zu gewinnen. Das gilt selbst für viele digitale Angebote, die längst nicht nur aus der ausgeruhten Perspektive des großen Computer-Bildschirms am ruhigen Schreibtisch genutzt, sondern sehr oft mitten in der Alltagshektik zwischen x anderen Aufgaben auf dem Smartphone erledigt werden. Und das fühlt sich dann ganz anders an.

Als systematisches Vorgehen bei der Bestandsaufnahme der eigenen Kontaktpunkte empfiehlt sich die gleiche Methodik, wie wir sie im folgenden Punkt der Benchmark-Safari vorstellen.

Auf Benchmark-Safari gehen

Den Elfenbeinturm zu verlassen, hat schon immer für neue Perspektiven gesorgt. Darum ist es so hilfreich, sich selbst einen Eindruck vom Angebot am Markt zu verschaffen. Denn es geht um das Erleben aus der Perspektive der eigenen Zielgruppe. Dafür reicht es nicht, Marktforscher:innen zu beauftragen, die dann Befragungsergebnisse und Fokusgruppen-Vorschläge referieren. Selber rausgehen heißt die Devise. Am besten teilt sich die Projektgruppe in kleine, bunt-durchmischte Teams auf und begibt sich auf Benchmark-Safari. Ihre Aufgabe: Inspirationen aus Sicht der Zielgruppe sammeln. Dabei ist alles gefragt, was relevant sein könnte, ein Angebot typisch und differenzierend erlebbar zu machen. Oder um es in einem Bild zu beschreiben: Wäre die Unternehmung ein Hotel, dann wüssten die Kolleg:innen in der Organisation alles über Buchungssysteme, Bettbezüge und auch Badausstattung – aber haben sie auch schon mal in diesem oder einem vergleichbaren Hotel eingecheckt und in einem der Zimmer übernachtet? Eben.

Jedes Team erhält für die Benchmark-Safari einen klaren Auftrag, welche Angebote sie zu untersuchen hat. Im Beispiel des Hotels wäre der Auftrag, Übernachtungen in verschiedenen anderen Häusern zu buchen und diese zu besuchen. Handelt es sich bei der Unternehmung um ein Software-as-a-Service-Tool, lautet der Auftrag, Konkurrenzangebote zu testen oder echte Nutzer:innen in ihrer realen Anwendungssituation zu besuchen. Verkauft die Unternehmung Produkte, hieße der Auftrag, sich zu diesen beraten zu lassen, sie zu kaufen, in Betrieb zu nehmen und zu verwenden. Der Auftrag an die Teams ließe sich zusätzlich ergänzen durch die Rollenbeschreibungen typischer Nutzer:innen, aus deren Perspektive die Angebote zu bewerten sind: ein alleinerziehendes Elternteil, eine berufstätige Person, ein urlaubender Pensionär oder ähnliche. Schließlich geht es nicht darum, das Urteil von Fachleuten zu erfassen, sondern sich in die Position der Zielgruppe zu versetzen. Die Erlebnisse der Benchmark-Safari sollten Schritt für Schritt dokumentiert werden. Zu jeder Phase des Erlebnisses ist die Frage zu klären, was die Teams in der Rolle der Nutzer:innen denken, fühlen und tun. Anschließend berichten sich die Gruppen gegenseitig mithilfe ihrer – gern auch mit Fotos oder Screenshots angereicherten – Dokumentation von den jeweiligen Benchmark-Safaris.

Kontaktpunkt-Analyse

Systematische Beschreibung der Erlebniskette am Beispiel Shopping

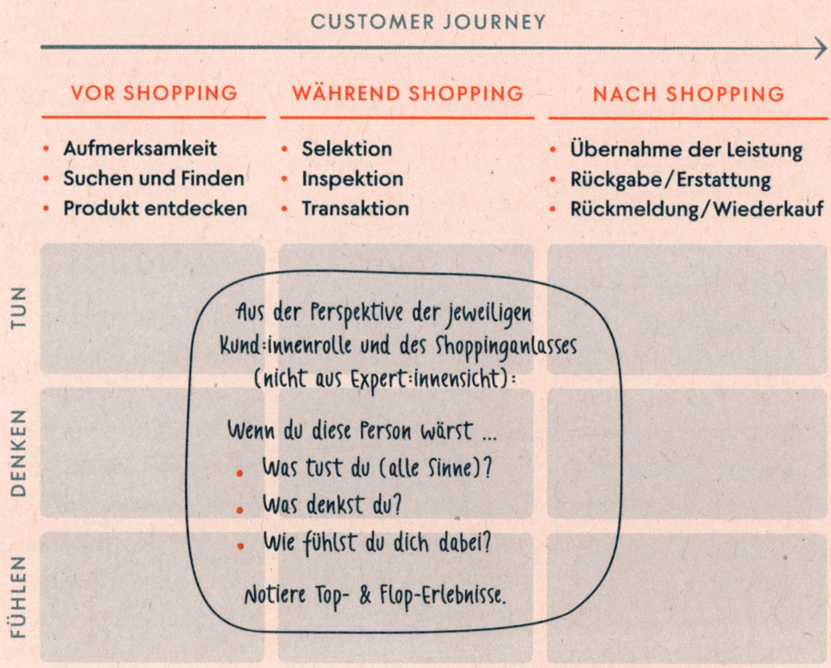

Erfolgsmuster und Energiebrüche heute

Was bleibt von der Bestandsaufnahme nach unzähligen Interviews, dem intensiven Blick auf die Zahlen, der Analyse der Kontaktpunkte und den Benchmark-Safaris beim Wettbewerb? In der Regel sind es gemischte Gefühle: Einerseits Ernüchterung über den Status quo, ein klarer Blick auf bestehende Mängel und erfolgversprechende Möglichkeiten. Ein detaillierter Eindruck von der Realität der Unternehmung. Denn erst wenn die Organisation diese verstanden und akzeptiert hat, entsteht Handlungsdruck für die klare Definition der Zukunft. Genau wie beim ersten Gespräch über das Thema Marke bieten auch hier, bei der umfangreichen Dokumentation der Markenrealität, die OPAL-Fragen eine hilfreiche Struktur: Von der **O**rientierung über die Beschreibung der Herausforderungen und **P**robleme zu den möglichen **A**uswirkungen dieses Verhaltens bis zu ersten Ansätzen für **L**ösungen sollten die Antworten der detaillierten Bestandsaufnahme reichen.

Ideal ist es, im Rahmen eines Workshops zur Realität ausführliche Ergebnisse zu produzieren und diskutieren, im Anschluss daran eine Hausaufgabe zu stellen und sich erst zwei bis drei Wochen später zum Zukunftsworkshop zu treffen. Zwischenzeitlich sollte die Beschreibung der Realität nach Erfolgsmustern und Energiebrüchen geclustert und den am Projekt Beteiligten zur Verfügung gestellt werden. Wenn es gelingt, diesen Clustern zusätzlich auch noch griffige Überschriften zu verpassen, erleichtert der Projektgruppe die weiteren Diskussionen.

Fragen für die Diskussion der Markenrealität in der Projektgruppe

- Was sind die historischen und gegenwärtigen Ursachen für die Resonanz der Marke?
- Wie ist die Marke bisher positioniert?
- Was sind die angestammten Kompetenzen und Erfolgsmuster der Unternehmung?
- Was ist das Kerngeschäft? Wie funktioniert das Geschäftsmodell? Wie kommt Wertschöpfung zustande?
- Welche Leistungen waren bzw. sind erfolgsrelevant? Welche nicht?
- Welche Aktivitäten haben stets positive Marktresonanz erzeugt? Welche nicht?
- Wo liegen Energiebrüche, die das Fortkommen blockieren?
- Welche Reibungsfelder gibt es gegenwärtig bei der Marke?
- Welche Potenziale zur Abgrenzung von anderen Wettbewerbern sind vorhanden?

Erfolgsmuster

Pionier im Fensterbau	Herstellung und Logistik im Griff	Qualitätsfenster für ein breites Publikum	Die preislich gute Leistung
Der Altbau-Spezialist	Direktvertrieb in Norditalien	Aufbau und Ausbildung der Händler	Das boden-ständige Familien-unternehmen

Energiebrüche

Kein kohärenter Vertrieb	Fehlendes Händler-konzept	Kraftlose kommunikative Kontaktpunkte	Verpasste Chancen im After Sales

Realität der Marke Finstral (2014)

Das Unwort: Auch.

→ Starke Marken haben eine klare Haltung. Sie machen nicht alles, sondern entscheiden sich für einen Weg.

Evolution statt Revolution

Marken entstehen über Erlebnisse, die Nutzer:innen mit ihnen sammeln. Das geht nicht von heute auf morgen, weshalb sich auch längst verblichene Marken noch lange im kollektiven Gedächtnis halten. Änderungen an einer Markenpositionierung brauchen immer erst eine Weile, bis sie am Markt wirksam ankommen. Weil es eben nicht damit getan ist, ein Strategiepapier zu schreiben und eine Kampagne aufzulegen. Es braucht Zeit, damit alle Beteiligten in einer Organisation die neue Positionierung nachvollziehen und verinnerlichen. Anschließend können sie sich daran machen, für die Nutzer:innen ihres Angebots ein verändertes Markenerlebnis an jedem Kontaktpunkt dauerhaft spürbar zu machen. Erst das führt dazu, dass sich der Ruf der Marke in den Köpfen der Zielgruppe tatsächlich ändert. Kurz: Es ist ein langfristiger Prozess.

Wie lange er dauert, das lässt sich pauschal nicht sagen. Für etablierte Unternehmungen dürfte es nicht ungewöhnlich sein, dass die Schärfung oder gar Neuausrichtung der Positionierung zwei bis fünf Jahre verfolgt werden muss, bevor diese tatsächlich so erlebt wird. Schon aus Respekt vor der Langfristigkeit dieser Prozesse empfiehlt es sich daher eher, auf Evolution statt Revolution zu setzen: Für die Weiterentwicklung einer Marke gilt es, nicht nur alte Schwächen abzuschaffen und neue Stärken zu entwickeln, sondern immer auch die bestehenden Stärken gut zu verstehen, zu bewahren und zu nutzen.

Bevor wir uns also an die Formulierung der Zukunft einer Marke machen, erinnern wir noch einmal daran, dass Marke nicht erfunden, sondern herausgefunden wird. Überarbeiten wir ein Markenprofil, sind wir nicht auf der Suche nach radikalen Kursänderungen, sondern am Scharfstellen des Zukunftsbilds. Bestehende Stärken wollen wir erhalten, auch um mit ihrer Kraft Energiebrüche, also Schwachstellen im Markensystem, zu beseitigen und neue Erfolgsmuster zu etablieren. In diesem Sinne ist Arbeit an der Marke immer Evolution, nicht Revolution.

Künftige Erfolgsmuster entdecken und formulieren

Ist die Realität der Marke beschrieben, diskutiert und verstanden, geht es an die Erarbeitung des Zukunftsbilds. Auch das ist keine Raketenwissenschaft, sondern lässt sich sehr gut in gemeinsamer Diskussion vorbereiten und anschließend in kleiner Runde konsolidieren und zuspitzen. Um sicherzustellen, dass das künftige Markenprofil wirklich in allen Facetten und Möglichkeiten beschrieben wird, hat es sich bewährt, die Projektgruppe in kleine, interdisziplinäre Arbeitsgruppen aufzuteilen und ihnen folgende Aufgabe zu stellen:

Entwerft das Zukunftsbild für unsere Marke – auf Basis des Wissens über Marke und Markt. Wofür soll/kann die Marke in Zukunft stehen?

Für die Entwicklung des Zukunftsbildes ist seine formale Aufbereitung zunächst nicht relevant. Es kann ebenso eine große Collage mit Bildern und Stichworten sein, wie auch das bereits ausgefüllte Modell des Markenprofils mit Leistungskern und Erfolgsmustern. Entscheidend ist, dass die Arbeitsgruppen sich ihre Vorschläge wechselseitig vorstellen, darüber intensiv diskutieren und die Richtungen anschließend bewerten. Diese Diskussionen bieten die ideale Stoffsammlung, um daraus im Anschluss ein Markenprofil zu kondensieren, das alle relevanten Aspekte für die Zukunft der Marke beinhaltet.

Orientierungsfragen zur Formulierung des Zukunftsbilds

- Was sind die Besonderheiten der Marke?
- Wie erzeugt sie echte Differenz zum Wettbewerb (je nach Kanal/Angebot)?
- Was ist der Leistungskern der Marke, das Zentrum der Kompetenz?
- Was bildet den Kern des Geschäfts in Zukunft?
- Wie sieht das Leistungsspektrum aus?
- Was sind in Zukunft die Speerspitzen des Angebots unserer Marke?
- Wo übernimmt unsere Unternehmung Themenführerschaft?
- Nach welchen Kriterien sollte das Angebot geordnet bzw. strukturiert werden?
- Was sind die differenzierenden, durchschlagenden Leistungsargumente des Angebots?

Macht Marke
Öffentlichkeit

Marke kann ein Leuchtturm sein in einer sich verändernden Gegenwart. Aber was genau verändert sich? Was ist gemeint, wenn wir von Digitalisierung und Transformation sprechen? In diesem Kapitel beschreiben wir die grundlegenden Verschiebungen vom Bild der Öffentlichkeit des 20. Jahrhunderts zur segmentierten Welt der Öffentlichkeiten im 21. Jahrhundert.

Dafür zoomen wir jetzt ein bisschen raus aus der Praxis des Markenmachens und verschaffen uns einen Überblick über die veränderten Anforderungen – von »Verlernt Reklame« bis zu »Lernt Memes«. Abschließend benennen wir zehn grundlegende Entwicklungen der neuen Öffentlichkeit, die den Blick für die richtigen Prioritäten in der operativen Arbeit schärfen.

Du wirst sehen, das lohnt sich.

Verlernt Reklame!

Klar wünschen sich Macher:innen Follower für ihre Marke. Schließlich bauen sie gegenwärtige Marken. Also bedienen sie selbstverständlich auch das digitale Ökosystem – etwa indem sie Accounts in sozialen Medien aufbauen.

Doch wenn wir über Digitalisierung sprechen, dann sollte sich das nicht in einer Diskussion über die Nutzung digitaler Distributionswege erschöpfen. Vielmehr müssen wir die Grundbedingungen im Blick haben, welche die neue(n) digitalen Öffentlichkeit(en) bestimmen, und uns aktiv darauf einstellen. Denn die Entwicklung wird rasant fortschreiten, etwa wenn sich das von Facebook postulierte Metaverse oder all die hoch spannenden Möglichkeiten rund um Künstliche Intelligenz weiter entfalten.

Dazu gilt es zunächst, sich von der Idee der Follower zu verabschieden. Denn diese von den Plattformen erdachte Währung hilft vor allem den Plattformen selbst. Follower alleine sind für deine Marke unerheblich, sie bringen weder Reichweite noch Sichtbarkeit oder Relevanz. Als Währung wurden sie von den Plattformen erfunden, um dich für ihr Ziel zu incentivieren, möglichst viel Zeit in den Plattformen zu verbringen. Sie suggerieren eine Gleichung, die spätestens seit dem Abschied von der chronologischen Timeline nicht mehr gilt: Viele Follower entsprechen nicht per se auch hoher Reichweite auf einer sozialen Plattform. Nicht nur weil die Zahl mithilfe von Fake-Accounts manipuliert werden kann, hat sie kaum Aussagekraft. Die Plattformen sind dazu übergangen, einzelne Beiträge zu bewerten und nicht mehr Accounts per se zu befördern. Das heißt: Selbst wenn ein Account eine hohe Anzahl an Followern hat, ist das keine Garantie dafür, dass diese auch tatsächlich die Beiträge des Accounts sehen.

Dass dennoch viele Menschen bei der Bewertung von der Follower-Zahl geleitet werden, liegt an einer überholten Vorstellung von Öffentlichkeit: Das Follower-Prinzip lebt von der sehr alten Idee der Reklame. Diese Idee bestimmte das Bild der Öffentlichkeit im 20. Jahrhundert. Um das Bild der Öffentlichkeit(en) im 21. Jahrhundert vollständig sehen zu können, sollten wir die Idee von Reklame verlernen. Und dabei geht es um etwas anderes als ums Vergessen.

Verlernen basiert auf einem erweiterten Bildungsbegriff. Klassisch wird als Bildung das Hinzufügen von Kompetenzen verstanden. Das Prinzip des Verlernens verfolgt einen anderen Ansatz, den der Autor und Journalismus-Professor Clay Shirky bekannt machte: Mit Blick auf den Generationenkonflikt zwischen klassisch gebildeten alten Menschen und ihren jüngeren, digital sozialisierten Kindern sagt er: »Eines der Probleme, unter denen alte Menschen wie ich leiden, ist, dass wir zu viele Lösungen für Probleme kennen, die nicht mehr existieren. Und es erschreckt uns irgendwie, wenn wir erkennen, dass all die Dinge, die wir gemeistert haben, nicht mehr wirklich von Wert sind. Es geht nicht so sehr darum, dass junge Menschen klug sind und alte Menschen Angst haben. Es geht darum, dass junge Menschen nicht all die Dinge verlernen müssen, die alte Menschen verlernen müssen, wenn sie diese Welt verstehen wollen. Und Verlernen ist so ziemlich die am wenigsten lustige Tätigkeit der Welt. Es ist also leicht zu verstehen, warum die Leute sich nicht dafür anmelden wollen.«

Wir möchten dich dennoch einladen, dich für diesen Prozess anzumelden, wie Shirky es formulieren würde. Dafür benötigst du vor allem die Offenheit, die eigene Weltsicht (und Erfahrung) nicht zum Maßstab allen Handelns zu erheben. Verlernen ist dann weniger schmerzhaft und unlustig, wenn es mit der Bereitschaft einhergeht, die Perspektive zu wechseln. Der Perspektiv-Wechsel, um den es in diesem Kapitel geht, lautet: Reklame ist die Lösung für ein Problem, das es so nicht mehr gibt.

Reklame und die ihr zugrunde liegende Idee von Öffentlichkeit funktioniert für viele wie eine Art kommunikativer Getränke-Automat, in den man oben Geld (häufig gleichgesetzt mit Reichweite für bestimmte Botschaften) einwirft und dann unten Getränke (häufig gleichgesetzt mit Wahlergebnissen, Kaufentscheidungen etc.) herausnehmen kann. Wir wissen, dass öffentliche Kommunikation vermutlich auch früher schon komplizierter war, heute aber – in direkter Folge der fortschreitenden Digitalisierung – definitiv anders funktioniert.

Wer öffentlich kommuniziert, will Wirkung erzeugen. Und Wirkung entsteht nicht monokausal durch die Wiederholung von Botschaften. Wirkung entsteht auf unterschiedlichen Kanälen und durch zahlreiche Faktoren, die die Entscheidung des vormals passiven Publikums beeinflussen. Für wirkungsvolle Kommunikation ist es wichtig, die digitalen Rahmenbedingungen zu kennen, unter denen Entscheidungen heute und in Zukunft getroffen werden. Denn da hat sich Grundlegendes verändert. Beginnen wir mit dem Kern dessen, was Digitalisierung zu einem Mega-Trend macht. Beginnen wir mit der für alle zugänglichen Kopie.

Man kann nicht nicht kopieren

Um zu verstehen, welche Folgen die Digitalisierung für unsere Vorstellung von Öffentlichkeit hat, müssen wir die Idee der digitalen Kopie verstehen. Sie bildet die Grundlage der Digitalisierung. Sie hat den Inhalt von seinem Träger gelöst und identisch duplizierbar gemacht. Das hat nicht nur die Geschäftsmodelle der sogenannten Content-Industrie herausgefordert, es ist die Grundlage für den Wandel, dem sich Markenmacher:innen im Umgang mit Öffentlichkeit(en) ausgesetzt sehen.

Bertholt Brecht schrieb 1932 in seiner Radiotheorie einen Satz, den viele heute in Bezug auf die Beteiligungsmöglichkeiten des Web lesen: »Man hatte plötzlich die Möglichkeit«, schrieb Brecht, »allen alles zu sagen, aber man hatte, wenn man es sich überlegte, nichts zu sagen.«

Abgesehen davon, dass Brecht erstaunlich viel »man« verwendet, lässt sich an dem Satz vor allem eins ablesen: deine Privilegien. Hast du auch zustimmend genickt beim Lesen und findest, dass die, die sich da im Web zu Wort melden, in Wahrheit nichts zu sagen haben? Dann zählst du vermutlich nicht zu jenen, die von den neuen Möglichkeiten profitieren – weil ihre Stimme auf diese Weise erstmals Gehör findet. Du zählst dann vermutlich nicht zu den Gruppen, die durch Black Lives Matter, durch die #Aufschrei oder #Metoo-Bewegung auf ihre Lebensumstände aufmerksam gemacht haben. All diese Gruppen hatten und haben nämlich mehr zu sagen als nichts.

All diese Gruppen machen Gebrauch von einem Recht, das vor der Demokratisierung der Publikationsmittel eher theoretischen Wert hatte als praktisch umsetzbar zu sein: »Jeder hat das Recht, seine Meinung in Wort, Schrift und Bild frei zu äußern und zu verbreiten und sich aus allgemein zugänglichen Quellen ungehindert zu unterrichten«, heißt es in Artikel 5 des Grundgesetzes. Das Verbreiten von Informationen war vor der weltweiten Vernetzung durch das Internet nur recht eingeschränkt möglich. Erst die digitale Vernetzung hat das vormals passive Publikum in die Lage versetzt, selbst zu senden – ohne dafür in Sendeanlagen oder Distributionstechnik zu investieren. Das Internet hat aus dem theoretischen Recht der Meinungs- und Pressefreiheit praktische Realität gemacht.

Wer sich ins Netz der Netze einwählt, ist mit der Welt verbunden – und hat somit quasi unbeschränkte Reichweite. Der sprichwörtliche Mausklick kann aus einem Satz eine weltweite Botschaft machen – und verändert damit nahezu alle Ideen von Öffentlichkeit(en), die das Gespräch über Kommunikation im 20. Jahrhundert bestimmten.

Dass das Publikum aktiv geworden ist, ist die erste bedeutsame Veränderung dessen, was wir Digitalisierung nennen. Diese Aktivierung hat weitreichende kulturelle und gesellschaftliche Folgen, ihr Auslöser ist aber technischer Natur: Es ist die digitale Kopie.

Sie bildet die Grundlage all dessen, was wir Digitalisierung nennen. Um alle Aspekte des digitalen Wandels überblicken (und im Sinne einer Marke nutzen) zu können, solltest du zunächst die digitale Kopie verstehen – also die Möglichkeit, erstmals in der Menschheitsgeschichte Inhalte quasi kostenfrei duplizieren zu können. Diese Veränderung hat nicht nur das Publikum zum Sender gemacht, es hat quasi nebenbei zentrale Geschäftsmodelle der Kultur- und Medienindustrie auf den Kopf gestellt. Der Inhalt wurde von seinem Träger gelöst und dabei sozusagen verflüssigt. Die digitale Kopie hat den Unterschied zwischen Vorlage und Vervielfältigung und das darauf basierende Geschäftsmodell zerstört. Die digitale Kopie hat aus der kulturellen Ausnahme eine alltägliche Selbstverständlichkeit gemacht. Den Kommunikationspsychologen

Paul Watzlawick kopierend, kann man sagen: Man kann nicht nicht kopieren.

Daraus folgen nicht nur völlig neue Perspektiven auf alle Ideen von Kreativität und Genialität, auch die Debatte über alles, was wir als Original oder originelle Marke verstehen wollen, wird um interessante neue Aspekte bereichert.

Das neue Ökosystem, das auf Basis der digitalen Kopie entsteht, ist unserer Einschätzung nach bisher nur in Ansätzen vermessen. Viele Bereiche dessen, was durch die digitale Kopie möglich wäre, sind bisher noch kaum realisiert. Wie Wissen auf diese Weise unabhängig vom Datenträger geteilt und damit vermehrt werden kann, siehst du auf Wikipedia. Die Enzyklopädie wäre ohne die digitale Kopie nicht möglich, sie basiert auf der Teilhabe der Vielen und ist ein sehr gutes Beispiel für die Vielzahl der Optionen, die sich aus der digitalen Kopie ergeben.

Um Marke auf gegenwärtige und vor allem zukunftsfähige Weise zu machen und zu führen, sollten alle Implikationen mitgedacht werden, die sich aus der digitalen Kopie und deren Folgen ergeben. Denn die Öffentlichkeit(en) und alle beteiligten Akteur:innen befinden sich in einem durch die Digitalisierung beschleunigten Veränderungsprozess. Auf der Suche nach Orientierung in diesem Veränderungsprozess kann die Marke als Leuchtturm sehr hilfreich sein. Allerdings nur, wenn sich deine Marke in ihrer Kommunikation auch den Gegebenheiten anpasst, die die digitale Kopie im neuen Ökosystem der vielen Öffentlichkeiten ausgelöst hat.

Wer Antworten auf diese Fragen sucht, muss nicht jedem neuerlichen digitalen Hype hinterherhecheln, sondern kann grundlegende Entwicklungslinien erkennen – und diese bewerten. Wenn wir von der historischen Ungeheuerlichkeit der digitalen Kopie sprechen, wollen wir damit genau diese Dimension der Transformation beschreiben: die durch die Kopie ausgelöste Demokratisierung der Publikationsmittel hat eine neue Form der Kommunikationsgesellschaft eröffnet, die Read-Write-Society genannt wird. Diese neue Form der Öffentlichkeit gibt es nur im Plural. Sie hat ein anderes Bild von dem, was man als Inhalt oder Content bezeichnen kann. Das gilt übrigens für die Schlagworte »Metaverse« oder »Künstliche Intelligenz« genauso wie für die schon länger befeuerten Hypes wie »Social-Media« oder »Beteiligungskultur«. All diese Trends (und ihre Folgen für unsere Idee der Öffentlichkeit) basieren auf der Idee der Kopie. Bevor wir diese Veränderungen im Detail beschreiben, müssen wir uns von zwei Ideen verabschieden, die eine gestaltende Haltung zur Zukunft der Kommunikation blockieren: Reklame und Kontrolle.

Überforderung ist der Default-Modus unserer Zeit

Die New York Times beobachtete eine »Demonstration der Sportlichkeit« und das ZDF spürte den Olympischen Geist »mit Verve durch die Arena« wehen, als die beiden Hochspringer Essa Mutz Barshim und Gianmarco Tamberi bei den Olympischen Spielen im Sommer 2021 in Tokio Sportgeschichte schrieben. Zum ersten Mal in der Historie olympischer Wettkämpfe entschieden sich zwei Athlet:innen zu einem Schritt, der regelkonform, aber nahezu undenkbar erscheint: Sie teilen sich eine Goldmedaille.

Was im Stadion in Tokio passierte, hat Strahlkraft über den Sport hinaus. Barshim und Tamberi schufen mit der geteilten Goldmedaille ein Symbolbild für eine Fähigkeit, die im Umgang mit den Veränderungen der (digitalen) Öffentlichkeit von zentraler Bedeutung ist: das hybride Denken als Ausdrucksform einer Entwicklung vom Entweder-oder zum Sowohl-als-auch.

Was war passiert? Dirk hat den historischen Moment in seinem Blog so zusammengefasst: *»Zwei Stunden lang sprangen die beiden Athleten, die außerhalb des Stadions befreundet sind, mit großer Genauigkeit. Sie überwanden die geforderten Höhen von 2,24 bis 2,37 jeweils im ersten Versuch. Zwei Sportler mit jeweils sechs Sprüngen. Kein Fehlversuch. Als 2,39 Meter aufgelegt wurde, war klar: Das wird ein Olympischer*

Rekord. So hoch war bei Olympischen Spielen vorher nur Charles Austin in Atlanta (1996) gesprungen. Barshim und Tamberi rissen beide drei Mal – und dennoch schafften sie einen Olympischen Rekord, der vermutlich höher einzuschätzen ist als die fehlenden Zentimeter. Nach den drei Fehlversuchen treten die beiden vor den Schiedsrichter. Sie umarmen sich. Der Offizielle will ihnen das weitere Vorgehen für das Stechen erläutern, als Essa Mutaz Barshim die Frage stellt: ›Can we have two golds?‹ Es entsteht eine Sekunde Stille im Olympiastadion von Tokio. Dann sagt der Schiedsrichter: ›It's possible‹ und die beiden Freunde schauen sich an. Barshim mit roter Kappe und dunkler Sonnenbrille nickt seinen Freund an und sagt: ›Let's make history.‹ «

Die Art, wie die beiden Hochspringer hier Geschichte schreiben, ist abseits vom Sport für den Umgang mit digitalen Veränderungen metaphorisch zu lesen: Die beiden zeigen, wie du das Entweder-oder-Denken überwinden kannst, von dem die allermeisten von uns (die im 20. Jahrhundert sozialisiert wurden) vermutlich noch stärker geprägt sind als von der Idee des Getränkeautomaten der Reichweiten-Reklame. Der Abschied vom Entweder-oder-Denken wird dadurch nicht leichter, du kannst ihn aber mit einem schönen Oberbegriff beschreiben: Hybrides Denken!

Hybrides Denken ist ein zentraler Aspekt dessen, was der Hamburger Publizist Christoph Kucklick »Überforderungsbewältigungskompetenz« genannt hat. Diese Fähigkeit ist nötig, um mit den Veränderungen der (digitalen) Gegenwart umzugehen. Es geht dabei darum, die Überforderung nicht mit einer einfachen Lösung zu übergehen, sondern auszuhalten, dass mehrere Antworten gleichzeitig richtig und auch falsch sein können. Dieses Gefühl der Überforderung wirst du vielleicht auch spüren, wenn du eine Marke bauen und kommunizieren willst oder sollst. Vielleicht hilft dir das hybride Denken dabei, einen Umgang mit der Überforderung zu finden.

Unsere These dazu lautet: Überforderung ist der Default-Modus unserer Zeit. Es geht also nicht nur dir so, viele (vielleicht alle) fühlen sich überfordert. Das Gefühl von Übersicht oder Kontrolle ist kaum mehr zu erreichen. Es kommt darauf an, pragmatisch mit diesem Kontrollverlust umzugehen.

Wenn wir im Folgenden die großen inhaltlichen Entwicklungslinien dessen beschreiben, was früher mal Öffentlichkeit hieß, dann empfehlen wir, dies mit einer Haltung zu betrachten, die Dirk Kulturpragmatismus nennt. Sie entsteht genau in dem eher schmalen Zwischenraum, der zwischen einer pessimistischen und einer optimistischen Haltung entsteht. Denn diese beiden Ansichten teilen bei aller Unterschiedlichkeit eine Gemeinsamkeit: Sie gehen beide davon aus, dass die Zukunft vorherbestimmt sei, dass sie sich unabhängig von unserem eigenen Zutun entwickelt. Entweder wird sie besser (optimistisch) oder schlechter (pessimistisch). In jedem Fall hängt diese Entwicklung aber nicht an dir.

¯_(ツ)_/¯

Der Shruggie symbolisiert diese Haltung besonders gut, die Dirk in dem Buch »Das Pragmatismus-Prinzip« mit fünf vermeintlichen Paradoxien zu beschreiben versuchte:

- **Gelassenheit**
  Dinge akzeptieren und infrage stellen.
- **Gegenwärtigkeit**
  Spontan sein und das planen.
- **Hoffnung**
  Angst zulassen und mutig werden.
- **Ratlosigkeit**
  Überfordert sein – und kein Problem damit haben.
- **Fröhlichkeit**
  Menschen wie Erwachsene behandeln und kindliche Neugier erhalten (alternativ: Offen für Neues sein – und bereit, Dinge zu verlernen)

Das Ende des Durchschnitts

Vermutlich gibt es wenig, das den Wandel der digitalen Öffentlichkeit besser beschreibt als der Verkehrsfunk im Radio. Er illustriert den Wandel von der Lautsprecher- zur Kopfhörer-Kultur: Im 20. Jahrhundert war es völlig selbstverständlich, im linearen Radioprogramm regelmäßig (zum Beispiel stündlich nach den Nachrichten) Hinweise darauf zu erhalten, auf welchen Autobahnen sich gerade der Verkehr staut. Diese Information wurde allen Hörer:innen gleichermaßen übermittelt – unabhängig davon, ob sie gerade Autofahren oder den Tag auf dem Sofa verbringen. Es gab schlicht keinen anderen Weg, diejenigen zu informieren, die von dem Stau betroffen sein könnten – als eine Botschaft an alle zu senden.

Das 21. Jahrhundert zeichnet sich durch das Prinzip des Navigationsgeräts aus, das hoch personalisiert die Information über Verkehrsflüsse auf die Endgeräte der Nutzer:innen anpasst. Anfang Februar 2020 strich der Deutschlandfunk deshalb die unter dem Schlagwort »Die Verkehrslage« verbreiteten Autobahn-Informationen aus seinem Programm.

Das zugrunde liegende Prinzip der Lautsprecher-Kultur verliert in zahlreichen Lebensbereichen an Bedeutung. *Dieser Wandel* bestimmt das Ökosystem der öffentlichen Kommunikation. Der US-Ökonom Jeremy Rifkin beschreibt in seinem Buch »Die Null-Grenzkosten-Gesellschaft«, wie die Dynamik der digitalen Kopie auch greifbare Produkte erfasst. Er spricht von der dritten industriellen Revolution, die zur Folge haben wird, dass die »Marginalkosten, wie wir das schon bei Informationsgütern gesehen haben, auch bei Produktion und gemeinsamer Nutzung einer breiten Palette von Produkten und Dienstleistungen gegen nahezu null« gehen werden. Wer also mit Produkten Geld verdienen möchte, die im 20. Jahrhundert in einem für alle gleichen durchschnittlichen Format in hoher Stückzahl vertrieben wurden, steht damit vor einer neuen Herausforderung bzw. vor dem Zeitalter der Null-Grenzkosten-Gesellschaft, wie Jeremy Rifkin es nennt. Der Unternehmer und ehemalige Wired-Chefredakteur Chris Anderson ergänzt: Es ist »pro Produktionseinheit nicht günstiger, tausend Stück herzustellen als eines. Stattdessen bieten sie in genau gegensätzlicher Hinsicht einen Vorteil: Es entstehen keine Zusatzkosten, wenn jedes Stück anders ist oder jeweils nur kleine Stückzahlen hergestellt werden.«

Die Folge: Selbst die Bereiche werden von der oben beschriebenen Digitalisierungswelle erfasst, die sich analog verstehen. Denn die zugrunde liegende Entwicklungslinie, die den Durchschnitt als dominantes Prinzip beendet, erfasst auch sie.

Ein Beispiel dieser Veränderung gibt das Phänomen sogenannter Prominenz: Es gibt kaum noch öffentliche Figuren, die über Interessens- oder Altersgrenzen hinweg bekannt sind. Im Gegenteil: Häufig ist es Bestandteil hoher Bekanntheit in Gruppe A, dass diese für Gruppe B erst noch mal neu erklärt werden muss. Der Begriff »Internetstar« wurde erfunden, um weniger digitalen Zielgruppen zu erklären, dass Personen in digital affinen Zielgruppen hohe Reichweiten haben. Die eine für alle sichtbare Bühne verliert also an Bedeutung – und wird durch zahlreiche Nebenbühnen ersetzt, anders formuliert: Der Durchschnitt endet – und eröffnet den Blick auf zahlreiche Nischen.

Nischen sind die neue Masse

Es ist zu einem Paradigma des digitalen Denkens geworden: »Beginne bei den Nutzer:innen und ihren Bedürfnissen« heißt es nicht nur in der Ideen-Entwicklung des Design Thinking, das Konzept der »Customer Centricity« hat sich zum Leitbild für erfolgreiche digitale Produkte entwickelt. Wer die Herleitung vom Ende des Durchschnitts kennt, versteht, weshalb diese Konzepte so erfolgreich sind: Sie bauen auf der skizzierten Entwicklungslinie auf und setzen diese in konkrete Handlungen um: »Kurz gesagt erleben wir gerade die Umwandlung einer Massenkultur in eine massiv parallele Kultur«, hat der ehemalige Wired-Chefredakteur und heutige Unternehmer Chris Anderson diese Entwicklung in seinem Buch »Makers« genannt. Parallele Kultur heißt, dass es die eine zentrale Bühne nicht mehr gibt. Es bedeutet aber vor allem: Es gilt, parallele Bühnen zu bespielen, die alle viel kleiner sind als die Mainstream-Bühnen der Vergangenheit.

Der Begriff »Nische« sollte jedoch nicht in den Irrglauben führen, diese seien klein oder ihnen fehle Wirkmacht. Wer die Auszeichnung »Goldene Schallplatte« erreichen wollte, musste dafür Ende des vorigen Jahrhunderts 250.000 Einheiten verkaufen. Drei Jahre später wurde die Zahl auf 200.000 Einheiten reduziert und heute reichen schon 100.000 Einheiten, um eine sogenannte Goldene Schallplatte zu bekommen. Es wäre ein Irrglaube, daraus den Schluss zu ziehen, es würde weniger Musik konsumiert oder mit Musik könne kein Geld mehr verdient werden. Im Gegenteil: Es wird lediglich weniger Geld mit »Schallplatten« verdient (dass der Begriff aus der Welt der Reklame stammt, betonen wir hier nicht extra), Märkte entstehen heute in den Nischen, auf den parallelen Bühnen, im direkten Austausch zwischen Musiker:innen und Publikum.

Öffentlichkeit herzustellen, ist anstrengender, kleinteiliger und komplizierter geworden, als es in der Welt der Lautsprecher-Kultur war. Es setzt genaues Wissen um die Zielgruppen, ihre Wünsche und Bedürfnisse voraus. Deshalb gilt: Wer im 21. Jahrhundert Marke machen will, braucht genaues Wissen um das Prinzip der parallelen Kultur – und daraus abgeleitet: genaues Wissen um die Zielgruppen, in denen man bekannt sein will. Denn allgemeine Mainstream-Bekanntheit ist nicht nur kein Wert, sie ist auch kaum mehr erreichbar. Und das ist nicht schlimm.

Lernt Memes und denkt in Versionen

Im Herbst 2023 hatte Bundeskanzler Olaf Scholz ein Problem. Neben den Irrungen der Weltlage musste er die Frage beantworten, wie er mit einem Sturz beim Joggen umgehen wolle. Der Unfall zwang ihn, für eine

Weile eine Augenklappe zu tragen, weil das Auge geschont werden sollte und die Verletzung nicht besonders ansehnlich war.

Scholz wählte den Weg nach vorn. Er postete ein Bild von sich – mit der Augenklappe im Gesicht und der Aufforderung »Freue mich auf die Memes« unter dem Bild. Der Bundeskanzler (oder zumindest seine Berater:innen) wusste: Wenn ein Bild vom Regierungschef mit Augenklappe auftaucht, wird dies das vormals passive Publikum sehr schnell aktivieren. Also sprach der Kanzler selbst eine Einladung aus und bat um Memes.

Dass er den Begriff nicht weiter erklärte, zeigt, wie selbstverständlich dieser mittlerweile im Sprachgebrauch angekommen ist. Menschen verhandeln über Text-, Bild- und Ton-Schnipsel, die dank digitaler Kopie leicht teil- und veränderbar sind, ihre kulturelle Identität. So ist das Muster der Memes im gleichnamigen Buch von Limor Shifman definiert.

Wir zitieren dies hier vor allem, weil sich in Memes am besten zeigen lässt, wie die neuen digitalisierten Öffentlichkeiten funktionieren: in Versionen.

Die Version beschreibt die größte kulturelle Herausforderung für die Kommunikationsbranche in Folge der Digitalisierung, sie markiert die Trennlinie zwischen jenen, die vor der digitalen Revolution beruflich sozialisiert wurden und jenen, die mit der digitalen Kopie zu arbeiten gewohnt sind: Ohne die digitale Kopie musste eine Veröffentlichung vor ihrer Publikation in die bestmögliche Form gebracht werden. Denn was einmal publiziert worden war, konnte nicht verändert werden – eine gedruckte Zeitung oder ein veröffentlichtes Buch waren unveränderliche Monolithen, abgeschlossen und nicht rückholbar. Daraus erwuchs eine Haltung, die die Arbeit in Verlagen und Redaktion prägte: Die Publikation war nicht nur der unumkehrbare Abschluss der Arbeit, sie markierte auch den Punkt, an dem ein Inhalt seine bestmögliche Form erreicht haben musste. Publikation war also einzig auf diesen Zeitpunkt zugeschnitten. Er war der Höhe- und Schlusspunkt aller Arbeit an und mit der Öffentlichkeit.

Im digitalen Zeitalter ist dieses Datum kein Punkt, sondern ein Doppelpunkt. Wir sprechen nicht von einem Abschluss, sondern von einem Übergang. Ein digital publizierter Inhalt kann angepasst und auch nach Veröffentlichung noch korrigiert werden und er eröffnet zum zweiten eine Form der Nutzer:innen-Interaktion, die der Begriff Feedback nur unzureichend beschreibt. Was früher Abschluss war, ist im digitalen Zeitalter der Anfang. Was früher Senden war, ist im digitalen Zeitalter Kommunikation – die Phase des Zuhörens ist Bestandteil der Arbeit mit, an und in der Öffentlichkeit.

Diese Entwicklungslinie ist mit dem Begriff der Version überschrieben, der am häufigsten im Bereich der Software-Entwicklung Verwendung findet: »Eine neue Version ist verfügbar« gilt im digitalen Zeitalter, aber nicht mehr nur für Software und Apps. »Eine neue Version ist verfügbar« ist auch eine Beschreibung für kulturelle Produktion. Wir müssen lernen, Kultur als Software zu denken – also zu den Bedingungen, die digitale Produktion bestimmen: Sie ist nicht abgeschlossen, sie ist veränder- und deshalb versionierbar, sie entsteht kollaborativ und vor allem: Nutzer:innen-zentriert. Kommunikation auf diese Weise zu denken, heißt vom Produkt zum Prozess zu denken.

Hier wird abermals deutlich, weshalb die überkommene Idee der Reklame des 20. Jahrhunderts im 21. Jahrhundert keine Wirkung erzeugen kann – sie geht von einem Ökosystem aus, das mit den Gegebenheiten des digitalen Zeitalters nicht vergleichbar ist. Basierend auf der Kopie entsteht die Entwicklungslinie der Version, deren Folgen man am anschaulichsten abermals am Beispiel der versionierten Form des Lexikons namens Wikipedia illustrieren kann: Wikipedia wird nicht nur von jede:r Nutzer:in verändert, Wikipedia hat auch die Idee eines Lexikons an sich verflüssigt. Einträge liegen in Versionen vor, sind eher mit einem Live-Ticker vergleichbar (weil sie in Echtzeit verändert werden) als mit einem Museum, in dem Inhalte archiviert werden. Das analoge Lexikon hatte einen Redaktionsschluss, wurde gedruckt, ausgeliefert und galt dann als die verfestigte Version von Wissen. Wikipedia ist die versionierte Fassung eines Lexikons, sozusagen der Brockhaus in Echtzeit und kann jederzeit angepasst und verändert werden. Wir glauben, dass wir als Gesellschaft immer noch dabei sind zu verstehen, was das eigentlich heißt bzw. heißen kann – wenn die Produktion von Inhalten nicht mehr nur von Expert:innen (20. Jahrhundert) oder vom aktivierten Publikum (Beginn des 21. Jahrhundert), sondern von Maschinen übernommen werden kann (KI-Zeitalter).

Sicher ist jedenfalls, dass der Begriff der Version im Zusammenspiel mit dem Begriff der Kopie eine weitere bedeutsame Entwicklungslinie beschreibt, die sich allerdings beide noch auf den Content beziehen, der kopiert und dann versioniert wird. Die aber vielleicht noch bedeutsamere Veränderung besteht in der Vernetzung von Sender:innen und Empfänger:innen im digitalen Raum. Das Internet ist nicht in erster Linie eine Distributionsmaschine, sondern eine Vernetzungsmaschine. Wer daran teilnimmt, wird Bestandteil des Netzes. Anders als bei den Distributionsformen des 20. Jahrhunderts, in denen die Empfänger:innen allein aufgrund der technischen Gegebenheiten passiv bleiben mussten, macht das Internet Nutzer:innen nicht nur wegen der digitalen Kopie zu aktiven Teilnehmer:innen – sie sind es allein wegen ihrer IP-Adresse, mit der jede und jeder im Netz identifizierbar ist.

Diese Vernetzung führt zu einer grundlegend anderen Idee von Öffentlichkeit. Wir müssen diese als Raum und nicht länger als Rampe denken – Inhalte werden nicht länger einfach nur abgeworfen, sondern im digitalen Raum verbreitet. Daraus folgt eine Bedeutungsverschiebung vom Werk zum Netzwerk, in deren Folge der Begriff des Kontextes immer mehr Aufmerksamkeit bekommt. Am anschaulichsten ist das in der sogenannten Plattform-Ökonomie mit der Tatsache illustriert worden, dass die erfolgreichsten Plattformen selbst nur das Netzwerk, aber nicht mehr das konkrete Werk zu Verfügung stellen: Der Mobilitätsdienstleister Uber besitzt selbst keine Autos, Airbnb vermittelt zwar Übernachtungen, besitzt aber keine (Hotel-)Betten und Lieferdienste wie Lieferando oder Wolt betreiben keine Restaurantküchen. Das liegt jeweils an der Kraft der Netzwerke und ist die greifbare Illustration für die Entwicklung vom Werk zum Netzwerk, die natürlich auch für die sogenannte Kommunikationsindustrie gilt.

Macht euch ehrlich!

Die Bedeutungsverschiebung vom Content zum Kontext trifft auf eine zweite Entwicklungslinie digitalisierter Öffentlichkeiten, die den Blick vom reinen Produkt auch auf den Prozess seiner Entstehung verschiebt. Neben ihrer Leistung im engeren Sinne geraten zunehmend auch Meta-Daten in den Blick: Materialherkunft, Lieferketten, Produktionsbedingungen, Unternehmenskultur etc. Bestes Beispiel ist das Produkt Hühner-Ei. Ob konventionell oder aus Bio-Haltung ist am Ei selbst kaum zu unterscheiden. Der Wert des Bio-Produkts entsteht nahezu ausschließlich aus den Meta-Informationen über seinen Entstehungsprozess, also wie das Huhn gehalten und was ihm gefüttert wurde.

Durch diese Entwicklung entstehen zusätzliche Anforderungen an das Selbstbild und die Außendarstellung von Marken. Sie können sich nicht mehr ausschließlich auf die Eigenschaften ihrer Produkte und Dienstleistungen verlassen, sie müssen sich immer mehr auch selbst als Akteur reflektieren und erklären. Denn in der Öffentlichkeit des 21. Jahrhunderts werden Marken nicht mehr nur mit ihrer eigentlichen Leistung, sondern zunehmend auch als gesellschaftliche Akteure rezipiert. Vielleicht war es für einen Schokoladenhersteller früher möglich, einzig auf die Qualität seiner Produkte zu verweisen. Heute wird er nicht umhinkommen, die Arbeitsbedingungen der Kakao-Bauer:innen ebenso zu reflektieren wie die Frage, ob seine Produkte auch in Kriegsgebieten verkauft werden. Hier ließe sich noch sagen, dass es immerhin um die eigentliche Leistung der Marke geht. Doch angesichts zunehmender Polarisierung der Diskurse erfahren Unternehmungen Widerspruch auch und gerade zu Themen, die eigentlich nicht zur Kernkompetenz der Marke gehören. Das beginnt bei der Frage, ob und wie gegendert werden sollte. Und setzt sich fort, über das Engagement für Demokratie und Vielfalt, etwa mit regenbogenfarbigen Logos während des Pride Month. Dieser Realität müssen sich Marken stellen, denn es ist bislang nicht absehbar, dass sich diese Trends umkehren.

Marke in diesen neuen Öffentlichkeiten zu machen, heißt daher vor allem: sich ehrlich zu machen. Und in unserem Sinne bedeutet das, sein Markenprofil nicht nur in den nach außen direkt sichtbaren, sondern in wirklich allen Bereichen der Unternehmung zum nachvollziehbaren, handlungsleitenden Prinzip zu erheben.

Sich glaubwürdig ehrlich zu machen, lebt ganz entscheidend vom authentischen Auftreten einer Marke. Und wenn wir über Authentizität sprechen, dann müssen wir uns auch über den Umgang mit Inhalten unterhalten, die mithilfe künstlicher Intelligenz erzeugt wurden. Denn die immer besseren Fähigkeiten von Large Language Models (LLM) Texte, Bilder und Videos herzustellen, die wir bisher als genuin menschlich beschrieben haben, wird unsere Vorstellung von Öffentlichkeit(en) verändern und ihre in den vorherigen Kapitel beschriebenen Transformationen noch beschleunigen. Markenmacher:innen stehen also vor der Frage, wie mit den (Un-)Möglichkeiten der KI umzugehen ist?

Unsere Antwort lautet auch hier: Mache dich ehrlich! Und das meinen wir mindestens auf drei Ebenen:

1. **Ehrlich machen, wofür du stehst (und gesehen werden willst)**
Die Art des Marke-Machens, die wir in diesem Buch beschreiben, basiert auf der Grundidee des Leistungskerns einer Marke Seite 63 ← (Schlag nach im Kapitel »Identität«: »Der Leistungskern ist kein Slogan, sondern Leistungsauftrag und Selbstverpflichtung. Ein strategischer Leitsatz, der präzise das Zentrum der Kompetenz der Unternehmung benennt und den Rahmen für das gesamte Leistungsspektrum vorgibt.«). Marke auf diesem Leistungskern auf- und auszubauen, setzt die ehrliche Selbsterkenntnis voraus, das gewünschte Publikum nicht zu täuschen, sondern im Gegenteil diesen Leistungskern und seine Ableitungen zur Richtschnur der eigenen Entscheidungen zu machen.

2. **Ehrlich machen, wo du Hilfsmittel einsetzt**
   Wir glauben, dass diese Form der wahrhaftigen Kommunikation im Umgang mit KI die Bereitschaft voraussetzt, transparent den Einsatz von technischen Hilfsmitteln kenntlich zu machen. Der Leitsatz: »Benenne, wo du mit Hilfe von KI Medieninhalte produziert hast«, gilt und sollte für zukunftsgewandte Kommunikation auch in gegenteiliger Richtung gedacht werden: Zeige, wo du als menschliche:r Akteur:in auftrittst.

3. **Ehrlich machen, was dich als Mensch ausmacht**
   Der Begriff »Captcha« ist ein Akronym für »Completely Automated Public Turing test to tell Computers and Humans Apart«. Üblicherweise kommen wir mit Captchas in Berührung, wenn wir auf Webseiten Daten eingeben und die Seite überprüfen will, dass auch wirklich ein Mensch und nicht ein Roboter dort Infos eingibt. Die Idee des Captchas umzudrehen, beschreibt die dritte Dimension des Ehrlich-Machens in Bezug auf KI und ihre (Un-)Möglichkeiten: Sei dir bewusst, wofür du stehst, benenne, wo Roboter Texte produzieren und beweise drittens, wenn ein menschliche:r Akteur:in kommuniziert! Gerade dieser letzte Part wird Unternehmungen aller Art vor große Herausforderungen stellen, weil sie noch mehr als im Social-Media-Zeitalter eine menschliche Stimme finden müssen. Sie müssen herausfinden, was sie zu menschlichen Akteur:innen macht – und das wird sicher nicht das möglichst fehlerfreie, polierte Formulieren von Werbeslogans sein. Es wird vielmehr darum gehen, eigene Fehler zu erkennen, damit transparent umzugehen und auch emotional zu reagieren, wo eine Maschine emotionslos geblieben wäre.

Angebote werden als Ganzes beurteilt. Neben dem Produkt wird auch sein Entstehungs- und Verwertungsprozess transparent und beachtet. Die Meta-Daten der Leistung spielen eine größere Rolle, inkonsistentes Verhalten wird zunehmend aufgedeckt und abgestraft. Wer nachvollziehbar handelt und sich konsequent ehrlich macht, wird besser damit umgehen können.

Zehn Thesen zur neuen Öffentlichkeit

Für die folgenden Thesen haben wir zehn Entwicklungen zusammengefasst, die den Wandel der Öffentlichkeit in Form einer Skala beschreiben. Es sind keine Entweder-oder-Veränderungen, sondern Übergänge, die dir helfen, Marke an die gegenwärtigen Herausforderungen der Öffentlichkeit anzupassen.

1. **Das digitale Normal fordert neues Denken**
   Durch die Digitalisierung ändert sich nicht nur das Ökosystem für Öffentlichkeit(en), es verlangt auch anderes, hybrides Denken.
2. **Vom Plan zur Überforderungsbewältigungskompetenz**
   Im neuen digitalen Ökosystem kannst du nicht (mehr) alles überblicken und planen. Du solltest die Kompetenz entwickeln, mit Überforderung umzugehen.
3. **Vom Werk zum Netzwerk**
   Das Werk ist nicht mehr allein bedeutsam. Es entwickelt seinen Wert durch die Vernetzung mit seinen Nutzer:innen und anderen Akteur:innen.
4. **Von der Rampe zum Raum**
   Es reicht nicht mehr, Informationen (in Form von Reklame) abzuwerfen. Wer Wirkung erzeugen will, muss lernen, den (öffentlichen) Raum zu bespielen.
5. **Vom Produkt zum Prozess**
   Es hört nicht auf. Die Fertigstellung eines Produkts ist der Beginn seines Angebotes, also der Beginn eines Prozesses – der beachtet und bewertet wird. Kommuniziere darüber und mache dich ehrlich.

6. **Vom passiven Publikum zu aktiven Prosument:innen**
Dein Publikum wird aktiv, es kann sich beteiligen – und es wird sich beteiligen. Das ist dann eine Chance, wenn du den Dialog aktiv gestaltest.

7. **Vom Senden zum Zuhören**
Kommunikation besteht nicht nur aus den eigenen Worten. Kommunikation heißt auch, auf das zu hören, was das Gegenüber sendet. Dieses Prinzip gilt auch für Massenkommunikation. Und wer nicht zuhört, dem wird keine Aufmerksamkeit zuteil.

8. **Vom Lautsprecher zum Kopfhörer**
Deine Distributionskanäle sind hochpersonalisiert. Sie senden nicht mehr eine Durchschnittsbotschaft, sondern können wie ein Kopfhörer jeder und jedem eine eigene Botschaft spielen.

9. **Vom Content zum Kontext**
Um die Chance der Vernetzung und der Personalisierung nutzen zu können, musst du den Blick auf den Kontext deiner Inhalte richten – dies schließt die Entstehungsbedingungen ein und führt zu unserer Forderung: Mach dich ehrlich.

10. **Von der Masse zu massenhaft Nischen**
Du wirst lernen müssen, die Nebenbühnen zu bespielen. Die Hauptbühne des 20. Jahrhunderts, für die sich alle interessieren, wurde abgebaut.

Suche den Inhalt, finde die Form.

→ Die einzig richtige Reihenfolge für die Erarbeitung von Projekten, Maßnahmen und Aktivitäten: Bevor es an die Gestaltung geht, braucht es Klarheit über den Zweck.

Oder anders gesagt: Erst Sinn, dann Schön.

Macht Marke

Kommunikation

Sie kann ungeheuerliche Wirkung erzeugen und doch auch grandios scheitern: Kommunikation ist eine zentrale Fähigkeit der Gegenwart – und ein wichtiger Hebel, um Marke erlebbar zu machen. Wir stellen die drei zentralen Fragen der Markenkommunikation *(Was? Wie? Wo?)* und leiten daraus Botschaften, Gestalt und Maßnahmen der Markenkommunikation ab.

Damit diese gelingen kann, braucht sie Kopf, Hand und Bauch – und ein gutes Gespür für die Bedürfnisse deiner Zielgruppe. So lernst du auf Basis der Markenidentität zu kommunizieren – wenn du die Bereitschaft zum Tanzen mitbringst.

Die ungeheuerliche Wirkung der Kommunikation

Beballert von Botschaften brummt allen die Birne. Denn alle sind Sender. Und ständig auf Empfang. Wer da noch durchdringt, hat Geschick, Dusel oder beides – und versteht etwas vom wirkungsvollsten Handwerk unserer Zeit: der Kommunikation.

Wir glauben, dass Kommunikation ungeheuerliche Wirkung erzeugen kann. Bis hinein in die Corona-Zeit haben wir in zwei gemeinsamen Podcast-Staffeln die Ergebnisse von Kommunikation in Bezug auf ihre Wirkung untersucht: Für »Wirbt das?« haben wir Kampagnen großer und kleiner Unternehmungen besprochen (zwischenzeitlich auch live vor großem Publikum in der damals sehr angesagten Live-Audio-App »Clubhouse«). Ein zentrales Ergebnis unserer Analysen: Der Aufwand, aber auch der Wert von Kommunikation gehören zu den immateriellen, nur schwer kalkulierbaren Bestandteilen einer Unternehmung. Bis zu einem gewissen Grad ist ihre Wirkung steuer- und planbar, doch am Ende ist es immer auch ein Spiel mit Versuch und Irrtum. Denn trotz akribischer Vorbereitung lässt sich ihr Effekt zwar systematisch planen, aber nie wirklich zuverlässig vorhersagen. Und das ist es, was uns ungeheuerlich vorkommt.

Wer schon einmal das Glück hatte, zur richtigen Zeit und am richtigen Ort die richtige Botschaft platziert zu haben, kennt das ungläubige Staunen darüber, warum eine Aktivität sich gerade jetzt so sehr verselbstständigt. Schließlich war die angepriesene Leistung in aller Regel auch schon vorher da und auch schon genauso gut. Aber durch den Hebel der Kommunikation wird sie auf einmal um ein Vielfaches verstärkt. Das gilt für den Zuspruch genau wie für den Shitstorm genannten Widerspruch – also im Guten wie im Schlechten. Was sich in diesen Fällen dennoch immer auszahlt, ist gute Planung. Denn wem das Kunststück gelingt, mit seiner Kommunikation Resonanz zu erzeugen, der oder die hat durch seine Vorbereitung entscheidenden Einfluss auf die

Fähigkeit, nun die Segel zu setzen und den aufkommenden Wind für seine/ihre Zwecke zu nutzen.

Stellen wir uns also der Frage, warum etwas wirkt und ob es dabei auch wirbt. Und wie sich auf dieser Basis die Kommunikation deiner Marke systematisch aufbauen lässt. Um das zu tun, fokussieren wir den Blick – weg vom Inhalt – auf das Schillern der Verpackung. Denn jenseits der eigentlichen Leistung, welche die Unternehmung erbringt, geht es in der Kommunikation darum, wie man diese Leistungen für seine Zielgruppe erkennbar macht – also verpackt. Für welche Botschaften steht die Marke? In welcher Gestalt bringt sie diese vor? Und mit welchen Maßnahmen wird sie aktiv? Dazu gehört immer auch mal ein Feuerwerk, also Maßnahmen, die besonders sichtbar sind, anrühren und begeistern. Aber es geht nicht darum, vier Wochen lang durchgängig Funken zu sprühen und anschließend wieder zu verstummen. Um nicht so folgenlos zu verglühen wie Feuerwerke, müssen Marken eine klare Systematik der Kommunikation verfolgen. Kommunikation für Marken hat weder Anfang noch Ende, sie findet immer statt. Denn nur so profitiert sie nachhaltig von der ungeheuerlichen Wirkung der Kommunikation.

Marke erkennt man daran, dass man sie erkennt

Alleine mit Kommunikation baust du keine Marke auf. Doch ohne Kommunikation wird deine Marke nicht verstanden. So wichtig es ist anzuerkennen, dass Kommunikation nicht die einzige Aufgabe des Markemachens ist, so wichtig ist es, sich früh und grundlegend dazu Gedanken zu machen, wie die Idee der Unternehmung am besten zu vermitteln ist. Wie lässt sich dafür sorgen, erkannt und verstanden zu werden?

Der (scheinbar) einfache Leitsatz lautet: Marke erkennt man daran, dass man sie erkennt. Und wodurch wird deine Marke erkennbar? Durch

Botschaften und eine Gestalt, die im lautstarken Konzert all der Botschaften, die auf die Menschen einprasseln, einen wahrnehmbaren Unterschied machen. Die stärkste Wirkung erzielt ein Auftreten, das vom üblichen Standard abweicht oder gar eine gegenteilige Position einnimmt. Das soll nicht heißen, wirksame Kommunikation müsse immer alles anders machen. Doch es weist darauf hin, dass Kommunikation ohne diese Zutat keine Aufmerksamkeit erregt und somit kraftlos bleibt. Daher solltest du in der Kommunikation deiner Marke immer darauf achten, Differenzierung und Typik im Umfeld herzustellen. Erst dann wird die Marke wahrgenommen. Erst dann dringt sie mit ihren Botschaften überhaupt durch. Wer Kommunikation für eine Marke plant, begibt sich also auf die Suche nach differenzierenden Botschaften und typischen Gestaltmerkmalen. Und macht sich nach bester Möglichkeit frei von persönlichen Vorlieben und Geschmacksurteilen. Denn gesucht wird, was wirkt, nicht was gefällt – das ist erst in zweiter Linie wichtig. Immer mit dem Ziel, die Marke für alle, an die sie sich richtet, bestmöglich erkennbar zu machen.

Der zentrale Kniff, um Kommunikationswirkung zu erzielen, ist die Zuspitzung bis hin zur kalkulierten Übertreibung. Hier liegt ein wahrer Aspekt in dem gängigen Vorurteil, Marketing-Expert:innen würden letztlich immer auf marktschreierisches Auftreten setzen. In manchen Organisationen stößt das auf Widerstand. »Sie müssen schon wissen, wir werden nie etwas versprechen, was wir nicht zu 150 % halten können.« bekommen Marketingverantwortliche dann zu hören. »Wenn wir zu viel Lärm machen, werden wir unglaubwürdig. Da setzen wir lieber darauf, dass Qualität sich am Ende auch so durchsetzt.« Das ist vornehm und ehrenwert. Doch diese Haltung verführt dazu, der Relativierung den Vorzug zu geben und gar nicht erst um klare, entschiedene Aussagen zu ringen. Ein Fehler, denn der Tanz auf dem schmalen Grat der Übertreibung ist äußerst lohnend. Die Wirkung von entschiedener, pointiert formulierter Kommunikation ist – verzeih die erneute zuspitzende Übertreibung – ungeheuerlich.

Auf Basis der Markenstrategie kommunizieren

Die Kommunikation der Marke wird gemeinhin als Marketing bezeichnet. Um dessen Aufgaben klar zu strukturieren, gilt es, eine Kommunikationsstrategie zu entwickeln, die sich konsequent aus den Vorgaben der Marke und den Bedürfnissen der Zielgruppe ableitet.

Trotz aller Unplanbarkeit der Wirkung von Kommunikation entsteht erst auf ihrem Fundament aus zufälligen Erfolgen langfristige Wirkung. Die Realität in Organisationen ist jedoch meist eine andere: Anzeigen, Sponsoring, Social Media – bei der Wahl der Marketingmaßnahmen bespielen Unternehmungen häufig eine Mischung aus vermeintlich altbewährten und scheinbar trendigen Kanälen – mit bestenfalls fraglicher Wirksamkeit.

Überspitzt gesagt trifft man in Unternehmungen auf zwei vorherrschende Meinungen zum Thema Marketing: Entweder heißt es »Ich habe ja keine Marketing-Expertise« oder es werden detaillierte Ausführungen zu den neuesten Tricks digitaler Überzeugungsmöglichkeiten inklusive der Schlagworte »SEO«, »Content«, »Viral« oder »Social Media« referiert. Geht es dann an die Bewertung konkreter Maßnahmen-Vorschläge, sehen sie sich in der Regel mit subjektiven Einschätzungen (z. B. »Mir fehlt da etwas Grünes …«) oder aus dem Kontext gerissenen Detail-Argumenten (z. B. »Mit einer Microsite ließe sich die Click-through-Rate verbessern …«) konfrontiert. Dies sind deutliche Symptome für das Fehlen eines systematischen Rahmens rund um Aufbau und Bewertung der Marketing-Tätigkeiten. Denn auch wenn es in dieser Profession bisweilen verführerisch schillert, ist Marketing weder eine alchemistische Geheimwissenschaft, noch sollten die Wahl und Gestaltung der Maßnahmen allein aus Sicht handwerklicher Machbarkeitsaspekte diskutiert werden.

Wirkungsvolle Kommunikation wird systematisch geplant – immer ausgehend von der Marke (oder genauer: dem strategischen Markenprofil).

Die übergeordnete Aufgabe des Marketings lautet, mit den Mitteln der Kommunikation die Marke erlebbar und (wieder-)erkennbar zu machen. Ein klarer strategischer Rahmen ist somit der Königsweg aus dem Dilemma, dass gutes Marketing so einfach scheint, dass jede:r meint, sie/er könne mitreden. Subjektive Debatten lassen sich wirksam objektivieren, wenn alle Beteiligten die beschlossene Strategie kennen und unterstützen.

Allerdings sind wir damit bei einem weiteren Elefanten im Raum: Viele Marketing-Fachleute kümmern sich nicht um Strategie. Erfahrungsgemäß sind es vor allem externe Agenturen, Studios und Designer:innen, die einen regelrechten Sport daraus machen, Kommunikationsstrategien entweder gar nicht erst zu lesen oder bei jeder sich bietenden Gelegenheit komplett zu verwerfen und nach eigenem Gusto neu zu entwickeln. Wir erinnern uns gut an einen erfahrenen Markenberater-Kollegen, der den Auftrag erhielt, für ein großes deutsches Medium Workshops zur Operationalisierung seiner Marke in zahlreichen Fachabteilungen durchzuführen. Dazu sollte er die von der Unternehmung gemeinsam mit einer anderen Agentur frisch fertiggestellte Markenpositionierung nutzen. Sein erster Reflex: »So kann man doch keine Positionierung aufschreiben. Das muss man erst mal verdichten und ganz anders gliedern.«

Ja, könnte man. Nur verkennt das, dass dieses Leitbild in zahlreichen Runden mühsam erarbeitet wurde, bevor sich die Führungskräfte genau darauf geeinigt haben. Wer dort die Axt anlegt, eröffnet bereits abgeschlossene Diskussionen von neuem. So sinnvoll diese auch immer scheinen mögen: Sie halten vor allem den Prozess auf. Wer Vorgaben leichtfertig verwirft, handelt nicht nur respektlos, sondern erweckt auch den Eindruck, Strategien seien es nicht wert, sich daran zu halten.

Wer Strategiepapiere ernsthaft studiert, entdeckt in aller Regel zahlreiche Argumente, die der Unternehmung Sicherheit für ihre Entscheidung geben. Denn wenn eine vorgeschlagene Maßnahme nachvollziehbar auf die beschriebene Strategie einzahlt, dann kann sie nicht ganz falsch sein. Statt also die strategischen Vorgaben zu ignorieren, sollte es pathetisch gesagt die edelste Aufgabe jedes Kommunikationsdienstleisters sein, diese genau zu kennen und für das gemeinsame Projekt zu nutzen. Weil es nicht nur hilft, die für die Unternehmung überzeugenden Argumente zu finden, sondern auch alle Beteiligten zwingt, diszipliniert bei der Sache zu bleiben. Es ist viel überzeugender, mit einer Ableitung aus der Strategie als mit einer Meinung oder einem Bauchgefühl zu argumentieren.

Systematische Kommunikation beginnt mit der Berücksichtigung
Seite 57 ← der im Kapitel »Identität« erarbeiteten Markenstrategie, sonst kann sie nicht funktionieren.

Aufbau einer Kommunikationsstrategie

Das oberste Ziel der Kommunikationsstrategie ist es, für die Marke Aufmerksamkeit am Markt zu erzielen. Das setzt voraus, dass du benennen kannst, wie deine eigene Marke positioniert ist. Im Idealfall existiert also ein strategisches Markenprofil oder eine in anderer Form beschriebene Markenpositionierung, die wir dafür hernehmen können. Die Aussagen der Positionierung bilden die Basis, um aufzuschreiben, wofür die Marke bekannt sein möchte. Nicht alle Aspekte der Positionierung sind aus kommunikativer Sicht relevant – doch dazu später mehr.

Vorher beschäftigen wir uns mit der zweiten Grundzutat einer sauberen Kommunikationsstrategie: der Frage, zu wem die Marke eigentlich spricht. An welchen Markt richtet sich die Marke? Lässt sich die Zielgruppe eindeutig benennen? Oder sind es eher mehrere Zielgruppen? Wie lassen sie sich beschreiben? Und vor allem: Welche Bedürfnisse und Motive hat die Zielgruppe bzw. die Zielgruppen denn genau? Denn nur das, was die Zielgruppe interessiert, wird sie auch erreichen. Das gilt es zu berücksichtigen, um nicht an ihr vorbeizureden.

Hast du diese Voraussetzungen geklärt, kennst also das kommunikative Ziel der Marke und die Bedürfnisse und Motive deiner Zielgruppe(n), dann kannst du damit beginnen, die Kommunikationsstrategie aufzubauen. Sie besteht aus nicht mehr als drei zentralen Fragen, auf welche die Marke Antworten gibt:

1. *Was* sagt die Marke? Die Botschaften
2. *Wie* sagt es die Marke? Die Gestalt
3. *Wo* sagt es die Marke? Die Maßnahmen

Interessant ist, sich zu vergegenwärtigen, dass diese Fragen unterschiedlich stark von den kommunikativen Zielen der Marke bzw. den Bedürfnissen und Motiven der Zielgruppe(n) bestimmt werden. Für die Botschaften der Marke müssen wir sowohl die Markenziele als auch die Zielgruppenbedürfnisse genau im Blick haben. Es bringt nichts, mit Aussagen nach draußen zu gehen, die nichts mit der Positionierung der Marke zu tun haben. Und es ist ebenso wenig sinnvoll, nur darauf zu schielen, was die Zielgruppe hören will, ohne zu berücksichtigen, was die Marke zur Befriedigung dieser Bedürfnisse leisten kann.

Anders verhält es sich mit der Gestalt einer Marke. Diese ergibt sich vor allem aus der Markenpositionierung – relativ unabhängig davon, was der Zielgruppe gefällt. Denn zum einen ist der Auftritt einer Marke stark abhängig von der Haltung und Kultur der Unternehmung, für die sie steht. Dass die Marke damit vollkommen an den Wünschen der Zielgruppe vorbeigeht, ist unwahrscheinlich. Jedoch sind die Zielgruppen auch selten ein guter Indikator dafür, welche Gestalt nun genau die erwünschte wäre. Was einfach darin liegt, dass die Vorlieben in aller Regel sehr heterogen sind. Für die einen ist eher die Welt minimalistischer Modernität attraktiv, andere wünschen es sich eher rustikal und alltagstauglich und wieder andere bevorzugen ein traditionell-konservatives Auftreten. Darum ist es die Marke, die sich hier für eine Geschmacksrichtung entscheiden muss. Ihre Gestalt lässt sich nicht direkt von Zielgruppenwünschen ableiten, diese Entscheidung ist den Markenmacher:innen selbst überlassen.

Bei der dritten Frage nach den Maßnahmen ist es hingegen umgekehrt. Hier spielen die Ziele der Marke eine eher untergeordnete Rolle: Denn wo eine Marke auftreten sollte, wird klar durch die Zielgruppe(n) determiniert. Denn nur dort, wo die sich tummeln, ist es sinnvoll und überhaupt möglich, sie anzusprechen. Es hilft nichts, die tollsten Schauräume zu bauen, wenn die Angebote der Branche, in der man unterwegs ist, vor allem in der digitalen Welt gesucht werden. Die Kommunikation der Marke muss da stattfinden, wo die Zielgruppe hinschaut. Nur dann wird sie auch wahrgenommen.

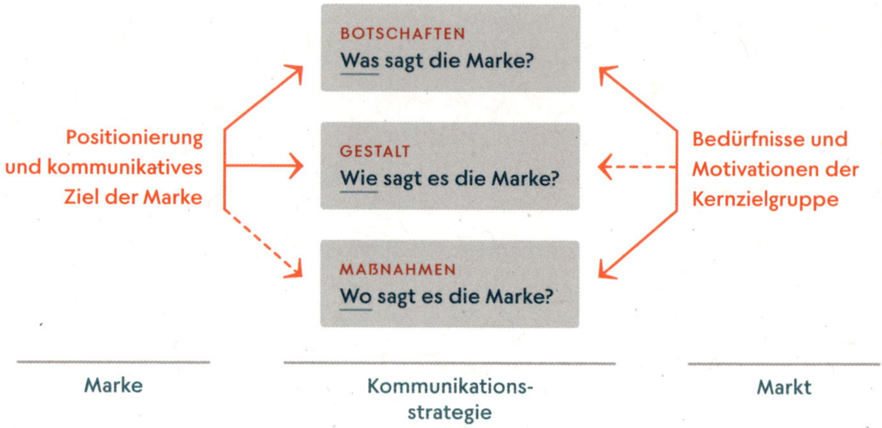

Kenne die Bedürfnisse deines Publikums

Jede Marke hat eine oder auch mehrere Zielgruppen. Keine Marke kann alle ansprechen (Remember: Alle sind keine Zielgruppe!). Selbst unsere Bundesregierung, die ja immer sagt, sie würde sich an alle richten, zieht klare Grenzen, indem sie sich »nur« auf unsere Nation beschränkt. Doch ganz gleich, wie eng oder weit du Zielgruppen fasst, heterogen sind sie immer. Unternehmungen haben beispielsweise interne Zielgruppen, meist verstehen sie darunter die Mitarbeiter:innen und auch andere Stakeholder, etwa die Gesellschafter:innen. Zum anderen richten sie sich an ein äußeres Publikum, womit vor allem die Nutzer:innen gemeint sind, aber auch potenzielle Mitarbeiter:innen. All diese Gruppen

Seite 37 ←

lassen sich in aller Regel in weitere Untergruppen aufteilen. Für einige der Zielgruppen ist die Leistung der Unternehmung sehr wichtig, etwa weil sie diese häufig nutzen. Sie sind empfänglicher für Detailargumente als zum Beispiel Nutzer:innen, die nur gelegentlich auf die Leistung der Marke zurückgreifen und sonst wenig daran denken. Oft trifft man auch auf vermittelnde Zielgruppen, die gar nicht selbst Nutzer:innen des Angebots der Marke sind – etwa Architekt:innen, die ihrer Bauherrschaft Produkte empfehlen. Sie brauchen die Leistungen der Marke nur, um sie ihren eigenen Kund:innen anzubieten. Im Marketing spricht man in diesen Fällen von B2B – also Business-to-Business-Zielgruppen. Jeder Teil des Publikums hat andere oder zumindest anders gewichtete Motive und Bedürfnisse, sich mit der Marke zu beschäftigen. Um Zielgruppen wirkungsvoll ansprechen zu können, ist es essentiell, dieses Sammelsurium aus Publika für sich zu systematisieren, zu benennen und zu beschreiben. Erst so lässt sich in der eigenen Organisation ein gemeinsames Verständnis davon entwickeln, wie sie ticken.

Wie lässt sich die Untersuchung der Zielgruppen in der Praxis am besten angehen? Meist schlägt hier die Stunde der Marktforschung, mit deren Daten sich detaillierte Einsichten gewinnen lassen. Denn es ist fraglos spannend und lehrreich, in die Analyse von Milieustrukturen und Nutzer:innenprofilen abzutauchen und Ergebnisse von Fokusgruppen zu studieren. Doch jetzt folgt ein Aber: Die erfahrensten Marktforscher:innen kommen in solchen Prozessen selten ausreichend zu Wort: die eigenen Mitarbeiter:innen.

Ausführliche Interviews mit Führungskräften und Mitarbeiter:innen der Unternehmung sollten zum Standard beim Aufbau der Marken- und auch der Kommunikationsstrategie zählen – idealerweise sorgfältig vorbereitet und durchgeführt durch unabhängige externe Beratungen oder Agenturen. Denn diese Interviews erweisen sich jedes Mal als die ergiebigste aller Quellen. Das systematische Ausforschen und Hinterfragen der in der Unternehmung bereits vorhandenen Erfahrungswerte reicht in aller Regel vollkommen aus, um eine grundsolide Grundlage für die weitere Planung zu schaffen. Überraschende zusätzliche Erkenntnisse durch externe Marktforschung haben wir bislang zumindest nur sehr selten erlebt.

Warum das so ist, lässt sich leicht erklären. In aller Regel beschäftigt sich die Organisation selbst gründlicher als jeder andere mit den eigenen Zielgruppen. Schließlich setzen sie sich tagtäglich und oft bereits seit Jahren mit ihnen auseinander. Sie kennen alle Einwände, Glücksmomente, Beschwerden und Aha-Erlebnisse, die sie mit den Leistungen ihrer Unternehmung erzeugen. Darum empfiehlt es sich, dieses tiefe, implizite Wissen zu heben und für die Entwicklung der Strategie nutzbar zu machen.

Der erste Schritt zur Untersuchung der Zielgruppen ist es, sie einfach und klar zu benennen. Das klingt banal und ist doch für viele Organisationen erstaunlicherweise eine Herausforderung. Häufig wird dann versucht, die Zielgruppe nach Alter, Geschlecht oder soziodemografischen Kriterien wie Einkommen oder Bildungsstand zu klassifizieren. Gern werden auch sogenannte Personas definiert, in denen prototypische Zielgruppen-Vertreter:innen detailliert skizziert werden. (Susi Sorglos ist Mitte vierzig, wohnt in der Vorstadt, achtet auf ihre Gesundheit und hat ein Haustier.) Das mag für die Produktentwicklung interessant sein, für die Kommunikation der Marke hilft es wenig. Denn die Kommunikation möchte Menschen mit der Leistung der Marke erreichen. Ob jemand Hunde mag oder Yoga macht, ist irrelevant… zumindest solange sie nicht Yoga für Hundehalterinnen anbieten. Spannend ist hingegen, ob die Person in ihrem Leben eine Rolle einnimmt, in der die Leistung der Marke relevant sein kann. Nehmen wir ein Beispiel: Eine Frau mittleren Alters kann Adressat einer Joghurt-Marke sein, wenn sie in ihrer Rolle als Mutter beim Einkaufen vor dem Kühlregal steht. In ihrer Rolle als Personalleiterin eines mittelständischen Betriebs hingegen ist sie Zielperson eines Anbieters von Personalsoftware. Und als passionierte Joggerin versucht ein Laufschuh-Start-up, sie zu erreichen. Obwohl diese Frau die immer gleichen soziodemografischen Daten aufweist, ist sie in allen drei Fällen in drei sehr unterschiedlichen Rollen.

Um ihren Ruf aufzubauen, gilt es, deine Marke auf Menschen in einer bestimmten Rolle auszurichten. Du musst die Bedürfnisse und Motive dieser Rollen kennen, um sie mit einem passenden und attraktiv gestalteten Angebot zu bedienen. Die Marke nimmt sozusagen selbst diese Rolle ein und versucht, zu einem bekannten und geschätzten Protagonisten innerhalb dieser Zielgruppe zu werden. Um im Beispiel zu bleiben, könnte das also der probiotische Trinkjoghurt Actimel von Danone, das smarte People Operating System von Personio oder eben der High-Performance-Laufschuh von OnRunning sein.

Beschreibt man das Publikum der Marke entlang der Rollen, die es in ihrer Nutzer:innenschaft gibt, kommt man schnell zu klar abgrenzbaren Gruppen. Eigentlich immer gibt es die Rolle derjenigen, welche die Angebote der Marke oft und regelmäßig nutzen. Das sind aber nicht immer diejenigen, die auch über den Erwerb des Angebots der Marke entscheiden, weil das zum Beispiel ein:e Vorgesetzte:r absegnen muss. Dann lassen sich häufig Gruppen finden, die weder über den Kauf entscheiden noch das Angebot selbst nutzen, aber die Leute, die das tun, dazu beraten, welches Angebot das beste ist. Ein Beispiel dafür ist die eben genannte Software, die hauptsächlich von der Personalabteilung genutzt, aber von der Geschäftsführung gekauft und von einer Unternehmensberatung empfohlen wird. Alle drei müssen überzeugt werden, obwohl sie unterschiedliche Rollen spielen.

Ein weiterer Aspekt ist die Präzision der Zielgruppen-Beschreibung, denn dafür gilt es immer, die tatsächliche Leistung der Marke im Hinterkopf zu behalten. Selbst wenn das Angebot sich beispielsweise an Personalabteilungen richtet, kann es notwendig sein, diese genauer zu beschreiben, um das Ziel nicht zu verfehlen. Etwa wenn die Personal-Software voraussetzt, dass alle Mitarbeiter:innen, die damit organisiert werden, eine Firmen-E-Mail-Adresse haben. Das schränkt die Zielgruppe erheblich ein, da sich die Marke damit nur noch an Personalleitungen in Firmen mit Bildschirmarbeitsplätzen richtet.

Allein mit den Personalleiter:innen, ihren Vorgesetzten, den zu verwaltenden Mitarbeiter:innen und Unternehmensberatungen für Personalmanagement haben wir nun ganz grob bereits eine Handvoll mögliche Zielgruppen, die alle genauer ausgeforscht werden könnten. Das zu tun ist enorm lehrreich für die Erstellung der Kommunikationsstrategie, verleitet aber auch oft dazu, sich in feinsten Details zu verlieren. Die wichtigsten Bedürfnisse und Motive der jeweiligen Zielgruppen benennen zu können, reicht jedoch in aller Regel bereits aus, um eine belastbare Grundlage für die Entwicklung wirkungsvoller Kommunikationsbotschaften zu schaffen.

Beginnt man dann die Bedürfnisse und Motive zu clustern und zu vergleichen, wird erkennbar, dass die Gruppen sich stark überlappen und Unterschiede letztlich überraschend gering ausgeprägt sind. Meist zeichnet sich ein Bild ab, in dem es eine Kernzielgruppe gibt, auf deren Urteil alle anderen viel Wert legen. In unserem Beispiel die Personalleitung, auf deren Urteil Vorgesetzte, Arbeitnehmer:innen und Unternehmensberater:innen stark achten und deren Bedarf sich stark ähnelt. Oder nehmen wir das Beispiel der Zielgruppen des Verlags Hermann Schmidt, in dem dieses Buch erscheint: Die Leser:innen aus der Kreativbranche wünschen sich Nutzwert für ihr berufliches Weiterkommen, Professor:innen und Lehrkräfte suchen ebenfalls nach Inhalten, die Nutzen für die Ausbildung kreativer Berufe stiften und der Buchhandel schaut vor allem darauf, dass der Verlag mit seinen Büchern verlässlich die attraktive, qualitätsbewusste Zielgruppe der Kreativbranche lockt. Unterschiede gibt es also weniger in den Themen selbst als in ihrer Gewichtung. Und neben den Hauptthemen finden sich bei den eher mittelnden Zielgruppen oft zusätzlich noch ein oder zwei weitere Motive, die in der Kommunikation ergänzend berücksichtigt werden sollten. So kommt man zu wenigen, klar benennbaren Motiven und Bedürfnissen der Kernzielgruppe, auf die man seine Kommunikationsstrategie aufbauen kann.

Während es natürlich immer möglich und spannend ist, zur Untersuchung der Zielgruppen umfangreiche Marktforschung anzustrengen, hat sich als pragmatische Methode die Analyse mithilfe von Empathy Maps bewährt. Für diese recht einfache Methode wird für jede Zielgruppe ein Blatt angelegt. In die Mitte kommt die möglichst genaue Bezeichnung. Für Personio also die Personalleitung kleiner und mittlerer Unternehmungen mit Büroangestellten und für OnRunning eher Läufer:innen mit Interesse an neuer Laufschuh-Technik. Um die Zielgruppe herum werden anschließend Antworten auf vier zentrale Fragen gesammelt, die rechts im Schaubild der Empathy Map stehen.

Empathy Map zur Zielgruppen-Beschreibung

Die Antworten auf diese Fragen lassen sich anschließend leicht zu Aussagen über die zentralen Bedürfnisse und Motive verdichten. Hierbei geht es nicht um Vollständigkeit, sondern darum, dass die wichtigsten Themen erfasst und benannt sind. Die eigene Zielgruppe klar zu benennen und ihren Bedürfnissen und Motiven immer wieder neu nachzuspüren, ist daher eine der wesentlichen Aufgaben für Markenmacher:innen auf allen Ebenen.

Empathy Map für Personio Kernzielgruppe (2017)

Exakte Benennung Zielgruppe und Beschreibung entlang der Fragen

Was denken und fühlen sie? Was ist wirklich wichtig? Motive?

think

- wish flexible solutions, adjustable to special requirements
- I'm not tech-affine, so is it really easy-to-use?
- my process stuff/tasks eat up the time for really care for the people
- I would like to do more value-adding HR-work rather than only doing administrative HR-work

feel

- information overload: they wish to monitor and be in control of all this little processes
- Anxiety of miss an important thing you will be blamed for
- pressure of reporting / providing specific information quickly (they always have to ask me)
- wish for support, don't want to be left alone
- underappreciated by management and employees (I can only fail, not shine)

Wie entscheiden sie? Themen? Informationen?

- Does it meet my specific requirements and support the processes we already have?
- Data privacy: is the cloud safe? Does it match the countries legislation?
- Does my boss understand the value?
- effort of setup/onboarding/offboarding: How quick? Who helps? Quality of support/ service level
- price model: smaller amount of cost with montly fee enables them to spend the money
- Trustworthy, established company?

The Core-Target-Group (= potential power user) of Personio are Heads of HR @established, modern German SMEs (primarily white-collar industries)

Auf wen hören sie? Beeinflussung? Medien?

- No. 1: the community of HR-managers
- Tax advisor and payroll service providers
- Training programmes

Was verursacht Frust bzw. Lust? Was schmerzt/ärgert? Was sorgt für Begeisterung?

frustrations

- manual processes for repetitive tasks
- lack of transparency
- a missing or crappy single source of truth

pleasures

- the beauty of one, well organized, real-time updated single source of truth for all my tasks for the whole employee life cycle (the whole process)
- Being appreciated for solving difficult HR-tasks (e. g. offboarding)

Verdichtung der Ergebnisse auf die zentralen Bedürfnisse und Motive

Pull nicht Push.

→ Starke Marken wachsen durch Anziehung, nicht durch Ausdehnung. Sie überreden nicht, sie überzeugen.

Als Außenseiter im Kandidaten-Rennen brachte es Barack Obama vor der Hauptstadtpresse im Sommer 2007 treffend auf den Punkt. Er liege derzeit hinter Clinton zurück, weil sie so bekannt sei und er nicht. Aber, fügte er zuversichtlich lächelnd hinzu, das werde sich ändern, denn: »To know me is to love me.«

B-to-B ist eigentlich immer B-to-B-to-C

Viele Unternehmungen wenden sich mit ihrem Angebot nicht direkt an die (End-)Nutzer:innen. Stattdessen stellen sie eine Leistung zur Verfügung, die sie an Wiederverkäufer:innen vermarkten, zum Beispiel an Verarbeiter:innen oder Händler:innen. Seine probiotischen Joghurtdrinks verkauft Danone zum Beispiel nicht direkt an die Konsument:innen, ihr »Kunde« ist der Lebensmittelhandel. Doch es birgt große Gefahren, diese Absatzmittler tatsächlich als Kund:innen anzusehen und auf deren/dessen Bedürfnisse und Motive mit voller Kraft einzugehen. Denn in Wahrheit interessieren sich Absatzmittler gar nicht für die eigentliche Leistung der Marke. Der Lebensmittelhandel listet Actimel von Danone nur, weil er vermutet oder weiß, dass seine Kund:innen der Marke oder dem Markenversprechen vertrauen. Der Lebensmittelhandel ist also nicht der eigentliche Kunde von Danone, sondern ein Partner. Als Partner interessiert ihn, wie er die Leistung der Marke für seine Kund:innen attraktiv darbieten kann. Etwa, indem er das Produkt nicht nur im Sortiment führt, sondern auch die passenden Verkaufsargumente und eine überzeugende Präsentation dafür parat hat. Zusätzlich hat der Lebensmittelhandel noch einige partnerschaftliche Motive, die Endkund:innen weniger interessieren. Zum Beispiel möchte er, dass Danone Actimel pünktlich, in gleichbleibender Qualität und verkaufsfertig bereitstellt und dafür sorgt, dass sich damit eine gute Marge erwirtschaften lässt.

Um wirkungsvolle Kommunikation zu planen, ist dieses Binnenverhältnis ein wichtiger Aspekt. Denn oft wird in Unternehmungen argumentiert, sie würden lediglich eine Leistung für Geschäftskunden erbringen und daher müssten sie sich auf B-to-B-Kommunikation konzentrieren. Das ist falsch. Hinter B-to-B steckt in den meisten Fällen B-to-B-to-C. Und wer sich als Marke nicht darum kümmert, die Kommunikation auf die eigentlichen Nutzer:innen seiner Leistung, also deine Endkund:innen, auszurichten, verfehlt das Ziel der konsequenten

Marken-Kommunikation. Zwischenhändler:innen sind nicht interessiert an der Leistung selbst, sondern immer nur daran, wie sie ihre Zielgruppen von dieser Leistung überzeugen können. Und nicht zuletzt darum betreibt Danone selbst Werbung an Endkund:innen, obwohl sie nicht einen einzigen Joghurtbecher direkt an sie verkaufen.

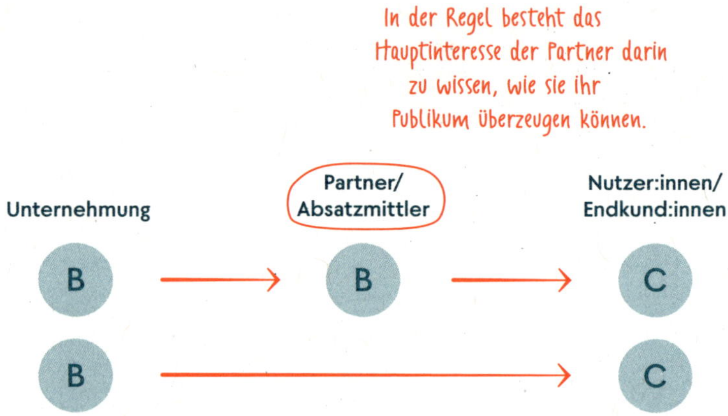

Was sagt der Wettbewerb?

Bei der Entwicklung der eigenen Marke sollte der Blick immer fest auf die eigenen Leistungen und Bedürfnisse und Motive der Zielgruppe gerichtet sein. Aus dem einfachen Grund, weil es der Bereich ist, den man nicht nur selbst überschauen, sondern auch aktiv gestalten kann. Dennoch ist es inspirierend, sich den Wettbewerb oder Marktteilnehmer:innen aus angrenzenden Branchen genauer anzuschauen. Mit welchen Aussagen und welchem Auftreten positionieren die sich am Markt? Wer von denen versucht, sich mit seinem Angebot an ähnliche Zielgruppen zu wenden und wie erfolgreich ist er damit? Mit wem stehen wir direkt im Wettbewerb, mit wem gar nicht und gibt es Player, bei denen man eher von Coopetition, also einem Wettbewerb bei gleichzeitiger

Kooperation, sprechen müsste? Positionieren sich alle ähnlich oder unterscheiden sich die Angebote stark voneinander? Gibt es unbestellte Positionierungsräume am Markt, in denen bislang kein anderer Anbieter aktiv ist und die sich zu erobern lohnen könnte?

Alles spannende Fragen, die dabei helfen, den Blick zu weiten und Ideen zu sammeln. Nur solltest du dabei nie vergessen, dass die eigentliche Aufgabe nicht darin besteht, sich in Abgrenzung zum Wettbewerb zu definieren, sondern eine eigenständige, starke Position aufzubauen, die sich aus der eigenen Leistung heraus begründet.

Das kommunikative Ziel

Um die Ideen der Marke zu kommunizieren, gilt es, die Positionierung der Marke in diesem Sinne zu interpretieren. Denn eine Positionierung, wie wir sie im Kapitel »Identität« beschrieben haben, umfasst weit mehr → Seite 57 Aspekte, als sich in wirksamer Kommunikation thematisieren lassen. Schließlich gilt sie für alle Bereiche der Unternehmung, von der Produktentwicklung über das Personalwesen und den Vertrieb bis zum Einkauf und der Distribution. Jeder Bereich der Unternehmung muss die Positionierung für seinen spezifischen Zweck anwendbar machen. Für den Bereich der Kommunikation heißt das, die Aussagen der Positionierung auf die für die Zielgruppen relevanten Aussagen zu verdichten. Wir nennen das »das kommunikative Ziel der Marke«. Aus ihm lassen sich prägnante Botschaften, eine typische Gestalt und wirksame Maßnahmen für die Kommunikationsstrategie ableiten. Das kommunikative Ziel der Marke benennt, wofür die Unternehmung wahrgenommen werden will. Wir empfehlen es als strategischen Leitsatz zu formulieren:

Das Publikum meiner Marke soll denken, dass…

Darauf folgen in einer hierarchisierten Reihenfolge jene Kernaussagen deiner Markenpositionierung, die in der Kommunikation vermittelt werden sollen. Um diese zu formulieren, ist die Kenntnis der Zielgruppe und ihrer Bedürfnisse und Motive immer im Hinterkopf. Das kommunikative Ziel stellt sicher, dass kein Aspekt der Marke, auf den die Zielgruppe Wert legt, unberücksichtigt bleibt.

In manchen Fällen kann es hilfreich sein, für jede Teil-Zielgruppe ein spezifisches Kommunikationsziel zu formulieren. Doch auch hier wird meist deutlich, dass die Aussagen gegenüber den Zielgruppen selten in den Themen selbst, sondern allenfalls in ihrer jeweiligen Gewichtung voneinander abweichen. Die Verdichtung auf nur ein kommunikatives Ziel ist auch deshalb sinnvoll, weil zu facettenreiche strategische Vorgaben deutlich schwieriger umsetzbar sind als die Arbeit mit etwas gröberen, dafür aber weniger komplexen Leitsätzen. Hier ist weniger mehr, denn der Erfolg einer Strategie misst sich nicht an der Formulierung der Strategie selbst, sondern immer nur daran, ob sie es schafft, auch tatsächlich in die Umsetzung Eingang zu finden.

Dieses kommunikative Ziel gab sich Personio zu Beginn:

Heads of HR should think that Personio is the holistic tool to simply manage their specific HR process, because they always have all necessary information available at a glance – and can provide it to anyone. Thanks to Personio the HR department is able to take care of all administrative tasks in an efficient and highly reliable manner – so they'll gain time to do value-adding HR-work. In the matter of security and privacy Personio meets the highest European standards. Last but not least: The staff of their companies and the executive floor will love them for using Personio.

Fokussiere auf wenige Botschaften

Sobald alle Fragen rund um Markt und Marke geklärt sind, geht es in die Entwicklung der eigentlichen Kommunikationsstrategie. Die erste Frage lautet: Was sagt die Marke? Was sind ihre zentralen Botschaften? Hier geht es um die Beschränkung auf das Wesentliche, denn für wirkungsvolle Kommunikation sollten das nicht mehr als drei bis fünf Botschaften sein. Gute Kommunikation ist einfach. Weniger wirkt mehr.

Nun haben wir selten eine Unternehmung erlebt, die nicht in der Lage wäre, eine unüberschaubare Vielzahl an Argumenten für ihre Leistungen vorzubringen. Schließlich gibt es so viele Aspekte, an denen sich beweisen lässt, wie gut und überzeugend das eigene Angebot ist, dass man bisweilen selbst den Überblick darüber verliert. Doch so richtig all diese Argumente sein mögen, so wahr ist es auch, dass sie die Zielgruppe ziemlich sicher überfordern. Sich auf wenige Kommunikationsbotschaften zu beschränken, heißt daher gar nicht so sehr, die bestehenden Argumente zu verschweigen, sondern vielmehr, sie unter leicht nachvollziehbaren Hauptaussagen zu gruppieren. Es gilt zu formulieren, auf welche Botschaften sich die Marke konzentriert und ihnen alle anderen Inhalte logisch zu- bzw. unterzuordnen.

Die einzelnen Botschaften benennen die zentralen Leistungen der Unternehmung und in ihrer Summe das Kommunikationsziel der Marke. Die vielen Einzelargumente dienen als Leistungsbeweise, welche immer für eine der drei bis fünf Botschaften stehen und diese untermauern. Daraus ergibt sich eine große Hilfestellung für den operativen Alltag des Markemachens: Jede Marketingmaßnahme lässt sich einfach und schnell darauf überprüfen, ob alle gewünschten Inhalte vermittelt werden. So wird sichergestellt, dass die Marke, ganz gleich, wo sie in Erscheinung tritt, immer kongruent kommuniziert und an ihren Botschaften erkannt und für ihre Botschaften bekannt wird.

Bei der Entwicklung der Botschaften ist das Ziel, so präzise und konkret wie möglich zu formulieren. Abstrakte Allgemeinplätze à la

All your HR-tools in one tool

- All in one: Recruit, retain and develop your staff supported by one tool
- Bespoke HR- solution: Flexible to match exactly your process and needs
- Single source of the truth: All your HR data in one place
- State of the art HR-Operating Systems: Taking it far beyond Excel

Less admin hassle gains time for value-adding HR

- Efficiency-boosting HR assistance: Keeping the promise of properly done digitalization
- Exemption of repetitive administration: The magic time again
- Advice from experience integrated: The tasks you have to solve …
- Made with people in mind, not process: Focussing on your staffs necessities, not shiny technical possibilities

Auf diese vier Botschaften konzentrierte sich Personio anfangs.

»kompetente Lösungen aus einer Hand« zu vermeiden, ist dabei eine gute Idee. Die Marke sollte mit ihren Botschaften Position beziehen. Ein einfacher Indikator, ob sie das tut, ist die Gegenprobe der Aussagen: Kann der Wettbewerber dies ebenfalls von sich behaupten? Kann er es ähnlich überzeugend belegen wie unsere Marke? Oft ergibt sich eine einzigartig differenzierende Typik erst über die Kombination der Botschaften: Für eine der Botschaften kann auch der Wettbewerb stehen, aber alle zusammen sollte nur die eigene Marke glaubhaft erfüllen können.

Und noch etwas ist wichtig, vor allem wenn eine Unternehmung noch jung und die eigene Leistung bereits gut ist, das Angebot aber noch viel Entwicklungspotenzial hat: Kommunikation darf Dinge zuspitzen und bisweilen auch ein wenig übertreiben. Nicht immer kann die Marke bereits alles leisten, was sie behauptet. Aber wenn sie bereits vieles davon erfüllt und es ihr Anspruch ist, sich in diese Richtung weiterzuentwickeln … dann ist es auch in Ordnung, in der Kommunikation bereits den bestmöglichen Fall auszuloben.

Unmatched reliability	Intuitive for each and everyone
• High-end Data Security: All your data is stored on ISO-certified servers in Frankfurt, Germany • German Privacy Standards: 2-Factor-Authentification • Cloud Service made in Germany • 99,9 % uptime	• Ease of use: A clear, consistent and understandable frontend • Ease of access: Computer, Tablet, Smartphone, ... it's up to you • Ease of support: Get help 24/7 in our online Help-Center, via E-mail or on the Phone • Ease of setup • Unsexy stuff, beautifully solved: every detail counts ...

Jeder einzelnen Botschaft sind zahlreiche Argumente zugeordnet, die diese präzise begründen.

Im Beispiel der Personalsoftware Personio war genau das der Fall: 2017 verfolgte das Start-up bereits das Ziel, alle Services rund um das Gewinnen, Halten und Entwickeln von Personal bereitzustellen. Während sie beim Gewinnen und Halten bereits einiges an praktischen Diensten anbieten konnten, sah ihr Angebot im Bereich Personalentwicklung im Vergleich zum Wettbewerb jedoch noch schwach aus. Die Entscheidung, in der Kommunikation bereits davon zu sprechen, man sei die Personalsoftware, die »alle Aufgaben der Personalabteilung in einem zentralen Werkzeug« bündelt, war dennoch legitim und zielführend. Oder um ein anderes Beispiel zu nennen: Der Fensterhersteller Finstral hat die Aussage »Das perfekte Fenster« zu einer der zentralen Botschaften seiner Kommunikation gemacht, obwohl in der ingenieurgetriebenen Kultur der Unternehmung keine:r zögert aufzuzählen, wo und wie genau die eigenen Produkte noch perfekter werden könnten. Perfekt werden ihre Produkte vermutlich nie sein, doch der Anspruch, alles dafür zu tun, ist bei Finstral immer da, weshalb es legitim und zielführend ist, diese Botschaft in der Kommunikation zu setzen.

Die Auswahl der Kommunikationsbotschaften ist also auch immer eine Formulierung des eigenen Anspruchs, der sich nicht zwingend komplett und in jedem Aspekt vollumfänglich bereits mit der Realität decken wird. Die angestrebte Realität zu benennen, treibt die Unternehmung nach innen an und macht die Kund:innen zu Unterstützer:innen auf dem Weg zu diesem Ziel. Diese Beispiele wirken fast kleinlich, wenn man sie aufschreibt, sind aber tatsächlich Inhalt fast jeder Diskussion bei der Entwicklung von Kommunikationsbotschaften, die wir in unserer Karriere bislang erleben durften.

Erst Typik erzeugt Marke

Unternehmungen müssen gute Leistung bieten, ist ja logisch. Ein Anwalt muss Paragrafen kennen, ein Saftladen ordentlichen Saft verkaufen und ein Ferienhausvermittler tolle Locations bieten. Und natürlich sollten Anbieter auch immer danach streben, ihre Leistung zu verbessern: also noch mehr Paragrafen lernen, geschmackvollere Säfte pressen oder noch attraktivere Traumhäuschen unter Vertrag nehmen. Und am besten ist es, man schaut dabei auf die Wünsche der Kundschaft: Was wünschen sich die Nutzer:innen? Und wie lassen sich diese Bedürfnisse noch besser erfüllen?

Doch wer Marke machen möchte, weiß, dass operative Exzellenz unbedingt notwendig, aber eben nicht ausreichend ist. Denn sobald andere Marktteilnehmer genauso gut, billig, schnell, bequem, kompetent, gehaltvoll, lecker oder flauschig sind wie du selbst, gehen dir die Argumente aus. Darum ist es wichtig, nicht nur exzellent, sondern auch typisch zu sein.

Deine Leistung so zu entwickeln, dass sie die Wünsche der Nutzer:innen nicht einfach nur erfüllt, sondern dabei auch wiedererkennbar ist – mit unverwechselbarer Haltung und Gestalt. Eben typisch für die

Marke. Wer darauf achtet, erarbeitet sich einen Ruf, der über die konkrete einzelne Leistung hinausgeht. So erwirtschaftet sich die Marke einen Vertrauensvorschuss bei den Nutzer:innen für alle weiteren Angebote, die du auf den Markt bringst. Und der ist über die operative Exzellenz hinaus ein echter verteidigbarer Wettbewerbsvorteil.

Die Gestalt der Marke beschreiben

Was die Marke sagt, ist wichtig, doch wie sie es sagt, prägt die Wahrnehmung ihrer Differenzierung und Typik sogar noch mehr. Darum gilt es, zu einer erkennbaren Gestalt der Marke zu kommen, deren Attribute für alle nachvollziehbar festgelegt sind. Den gewünschten Stil und die Tonalität der Kommunikation präzise und objektiv zu erfassen, ist schwierig, weil es dabei zwangsläufig immer Interpretationsspielräume gibt. Doch wir glauben, es ist besser, sich an den Interpretationen der Vorgaben abzuarbeiten, als noch nicht einmal klare Vorgaben zu haben. Statt also die Entwicklung der Gestalt dem Zufall oder persönlichen Gusto der beauftragten Gestalter:innen zu überlassen, unternehmen wir auch hier den Versuch, eine möglichst eindeutige Vorgabe zu formulieren. Denn die Erfahrung zeigt, dass verbindliche Vorgaben alle Briefings und internen Diskussionen bei der Entwicklung deutlich versachlichen und dadurch Entscheidungen erleichtern.

Es gibt unterschiedliche Methoden, Attribute der Gestalt einer Marke zu beschreiben. Von der Zuordnung zu Archetypen, im gesellschaftlichen Bewusstsein allgemein geteilter Meanings bis zur Beschreibung durch abstrakte Werte gibt es zahlreiche Ansätze, sich der Aufgabe anzunähern. Für uns ist vor allem maßgeblich, wie gut sich die Markengestalt mit den Vorgaben steuern lässt. Und auch dafür hat sich wieder eine vergleichsweise pragmatische Methode als besonders praktikabel erwiesen. Dabei stellen wir uns einfach vor, die Marke wäre eine Person:

Wie würdest du die Marke beschreiben, wenn sie eine Person wäre?

- Wäre sie weiblich, männlich oder sachlich?
- Wie alt wäre sie?
- Wie würde sie leben?
- Wie würde sie sich geben?
- Wie würde sie sich kleiden?
- Was wären ihre Vorlieben und Einstellungen?
- Was würde sie ablehnen?
- Wie würde sie nicht sein wollen?

Es hilft, diese Attribute erst einmal ungeordnet zu sammeln. In einem zweiten Schritt wird diese Wolke aus Begriffen dann zu drei Gruppen geclustert, die schließlich auf jeweils ein Attribut verdichtet werden. Es hat sich bewährt, die Gruppen nach den Aspekten Kopf, Hand und Bauch der Marke zu clustern (andere sprechen dabei auch von Haltung, Leistung und Stil):

1. Kopf
   Welche Haltung vertritt die Marke?
   Was motiviert die Marke? Was geht in ihr vor?
2. Hand
   Wie erbringt die Marke Ihre Leistung?
   Was zeichnet ihre Arbeit aus? Wie sind die gelieferten Ergebnisse?
3. Bauch
   Welchen Stil pflegt die Marke?
   Wie ist das Auftreten der Marke? Wie gibt sich die Marke?

Gestalt-Attribute zu definieren, heißt, eine informierte unternehmerische Entscheidung zu treffen, wie die Marke sein will. Und das immer auch in Hinblick auf die Kultur und Präferenzen in der eigenen Organisation, denn es ist schwer, sich als etwas zu geben, was die Unternehmung selbst so gar nicht ist.

Aus den Gestalt-Attributen lassen sich dann Vorgaben für die Tonalität von Texten, die eingesetzten Bildwelten und -stile sowie die typischen Überzeugungsstrategien bzw. Argumentationstechniken der Marke direkt ableiten. Dies stellt sicher, dass die Marke nicht nur das Gleiche sagt, sondern sich dabei auch immer in selbstähnlicher Art und Weise gibt.

Gestalt oder Definition der Marken-Tonalität

Wenn die Marke eine Person wäre, welche Eigenschaften würden wir ihr zuschreiben?

Die Markenwerte von Personio geben Auskunft über die angestrebte Gestalt. Sie waren maßgeblich für die Entwicklung des bis heute verwendeten Brand Designs.

Und jetzt:
tanzen!

Sind Botschaften und Gestalt der Kommunikationsstrategie erst mal definiert, ist das Spielfeld für inhaltlich-kreative Arbeit an der Marke abgesteckt. Sie bilden den Rahmen für die eigentliche Aufgabe: Die Entwicklung von kommunikativen Maßnahmen wie Kampagnen, Website-Inhalten, Event-Konzepten, Produktkatalogen, Give-aways, Produktverpackungen, Vertriebspräsentationen etc. Das Verhältnis der Vorgaben aus der Strategie zu den zu erarbeitenden Ergebnissen lässt sich dabei in etwa so beschreiben wie das Verhältnis von zu trainierenden Tanzschritten zum eigentlichen Tanzen. Die Kenntnis der Schrittfolgen und Figuren ist die Voraussetzung für eine gelungene Darbietung. Für einen Tanz, der alle in Staunen versetzt, reicht das aber noch nicht. Denn dazu gehören neben jeder Menge Training eben auch noch Leidenschaft, Hingabe, eine Handvoll kreativer Ideen, das Gefühl für Timing, vielleicht auch mal einen spontanen Regelbruch und dieses gewisse Etwas, das sich so sauschwer erklären lässt. Darum überlassen wir das dem Historiker Greg Dening, der die Irrationalität wirkungsvoller Geschichten ganz wunderbar wie folgt beschreibt: »Ich habe immer gesagt, wer

	BOTSCHAFTEN			
GESTALT-ATTRIBUTE	All your HR-tools in one tool	Less admin hassle gains time for value-adding HR	Unmatched reliability	Intuitive for each and everyone
whole				
essential				
plain				

Soweit die Regeln, jetzt wird auf diesem Spielfeld getanzt …

Kombination aus Botschaften und Gestaltattributen von Personio

eine Geschichte erzählt, wirft einen Stein in einen tiefen Brunnen: und wartet, wartet… auf das Plopp. Nein, antwortete ein Freund. Wer eine Geschichte erzählt, wirft eine Rose in den Grand Canyon: und wartet… wartet… auf den Baaang.«

Die Grundlagen der Kommunikationsstrategie von Personio wurden 2017 entwickelt – und sind bis heute erkennbar. Der Claim lautete damals »The HR Operating System« und heißt heute »The People Operating System«. Die zentralen Botschaften des Messestands auf der OMR 2023 lauteten: »All-in-one HR software«, »Create more impact«, »Make your life easy«, »Join our 8000+ relaxed customers« und »Take it easy with Personio«. Also noch immer die Aussagen, auf die die Unternehmung sich bereits seit 2017 fokussiert.

Sei dort, wo die Zielgruppe ist

Wo tritt die Marke kommunikativ auf? Welche Kanäle sollte sie bespielen? Welche Maßnahmen versprechen am meisten Wirkung fürs eingesetzte Budget? Auch auf diese Fragen sollte die Kommunikationsstrategie Antworten geben. Zu finden sind sie in den Präferenzen der Zielgruppe. Denn genau dort, wo sich ihre potenziellen Nutzer:innen tummeln, sollte auch die Marke präsent sein. Meist ist das Wissen darüber bereits in der Organisation vorhanden. Vor allem Vertriebsbereiche und Serviceabteilungen kennen die Vorlieben der Kund:innen in aller Regel gut. Ob es darüber hinaus noch eine detaillierte Marktforschung braucht, ist abhängig von der konkreten Aufgabenstellung. Verändert sich der Markt stark oder sollen neue Segmente erschlossen werden, kann es durchaus sinnvoll sein, zusätzlich auch eine externe Einschätzung einzuholen.

Wichtig bleibt, die eigenen Annahmen in regelmäßigen Abständen zu überprüfen, denn die Vorlieben der Nutzer:innen verschieben sich oft auch ohne dass die Unternehmung direkt davon Notiz nimmt. Gerade in den digitalen Kanälen ist noch immer viel Bewegung. Wer sich gestern noch auf Facebook informiert und auf Google gesucht hat, schaut vielleicht heute schon mehr TikTok und lässt ChatGPT die Recherche erledigen. Doch auch ganz klassische Kanäle sollten nicht unterschätzt werden. Für viele Marken funktionieren gedruckte Kataloge noch immer erstaunlich gut. Viele Handwerker berichten, dass sie über die Kommunikation auf ihren Fahrzeugen und am Baustellengerüst aufgehängte Werbebanner viele und auch die wertvollsten Anfragen erreichen. Nach dem Motto: »Ich sehe euch überall, ihr müsst gut im Geschäft sein. Da dachte ich, ich wende mich mit meiner Anfrage mal an euch.« Daher hilft es sich immer wieder die Frage zu stellen, wo und wie die Wunsch-Nutzer:innen nach der angebotenen Leistung suchen könnten.

Kommunikation, die wirkt

Es soll schon Henry Ford umgetrieben haben, dass Aufwand und Nutzen von Kommunikationsmaßnahmen schwer abzuschätzen sind. Zumindest kommt kaum ein Marketing-Buch ohne dieses berühmte Zitat von ihm aus: »Ich weiß, die Hälfte meiner Werbung ist hinausgeworfenes Geld. Ich weiß nur nicht, welche Hälfte.« Wie auch heute noch jede Unternehmung war er auf der Suche nach der optimalen Wirkung für seine Investitionen in Kommunikation. Es lässt sich zwar nicht auf den letzten Cent vorhersagen, aber dennoch ist es möglich, sich der Wirkung von Kommunikation systematisch zu nähern. Und dadurch zu erkennen, wie sich Marketinginvestitionen so wirksam wie möglich priorisieren lassen.

Hierfür betrachten wir erneut die Kontaktpunkte der Marke mit ihren Nutzer:innen. Diesmal schauen wir jedoch etwas genauer hin und erkennen dabei den Verlauf der Customer Journey: Sie beginnt oft noch bevor die Nutzer:innen überhaupt Interesse an der Leistung einer Marke haben, durchläuft dann mehrere Stationen und endet im Idealfall mit der wiederholten Nutzung des Angebots sowie Nutzer:innen, die davon auch anderen ganz begeistert erzählen. Entlang dieser Reise planen Unternehmungen ihre Kommunikationsaktivitäten.

Beispiel eines Sale Funnels

Typische Beschreibung des Entscheidungsprozesses der Zielgruppe in mehreren Schritten (Anzahl variiert je nach Modell und Markt)

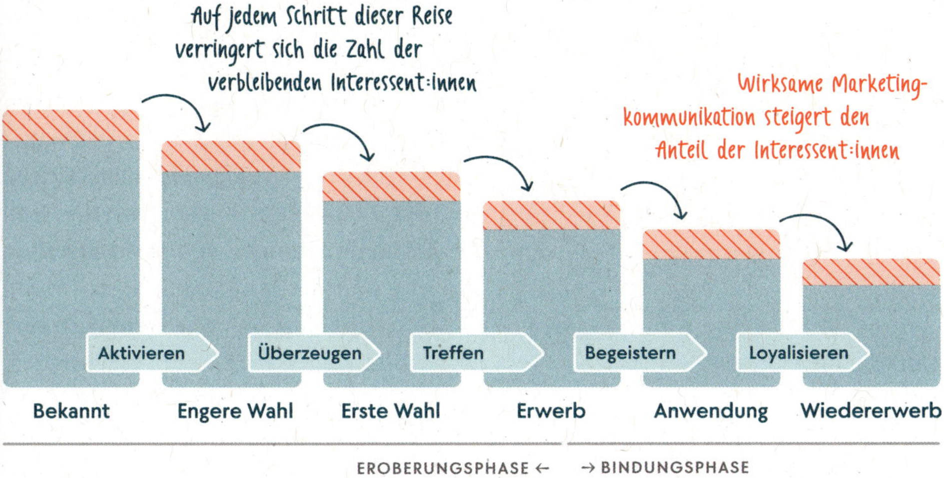

Aufgaben wirksamer Kommunikation

Erfolgreiche Marketingmaßnahmen und -aktivitäten schaffen weit mehr als nur Bekanntheit

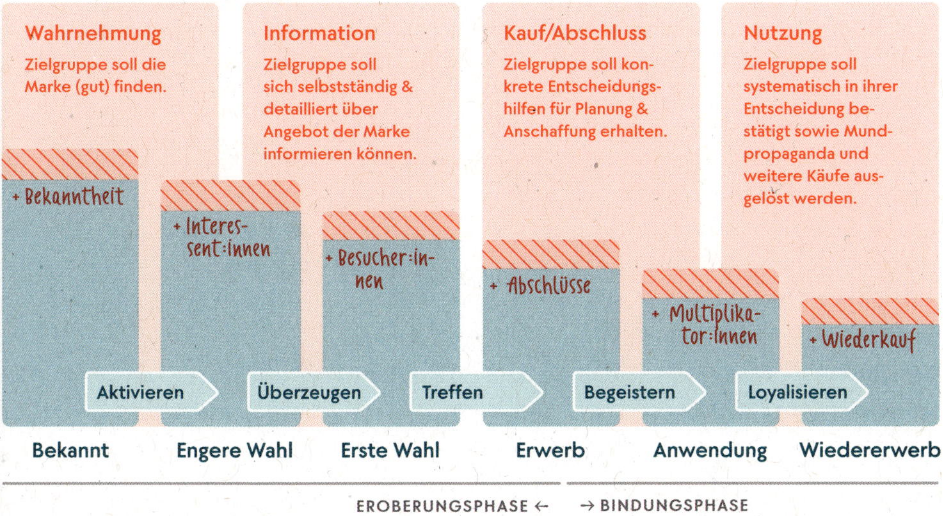

Klassische Maßnahmen, die überhaupt erst einmal dafür sorgen, dass Nutzer:innen die Marke finden und gut finden, wären zum Beispiel klassische Werbung von Plakaten bis zu Social Media Ads: Ihr Ziel ist es, mehr Wahrnehmung für die Marke zu erzielen. Funktioniert das wie gewünscht, dann wirkt die Werbung und die Interessent:innen gehen einen Schritt weiter. Sie beginnen sich genauer zu informieren, suchen im Internet, studieren Unterlagen, fragen herum und stellen Vergleiche an. Läuft es gut, dann wirken diese Informationen und den Interessent:innen gefällt, was sie in Erfahrung bringen. Nun gehen sie noch einen Schritt weiter und lassen sich beraten, ermitteln das richtige Angebot für sich, um dann zuzuschlagen und die Leistungen der Marke zu nutzen. Doch auch dann ist die Reise noch nicht zu Ende, denn wenn die Marke alles richtig macht, dann haben wir jetzt hoffentlich zufriedene Nutzer:innen. Und auch daraus ließe sich noch etwas machen.

Aufwand und Frequenz von Marketingaktivitäten

Machbarkeit und Wirkungsgrad der Marketingkommunikation für die eigene Unternehmung im Blick behalten

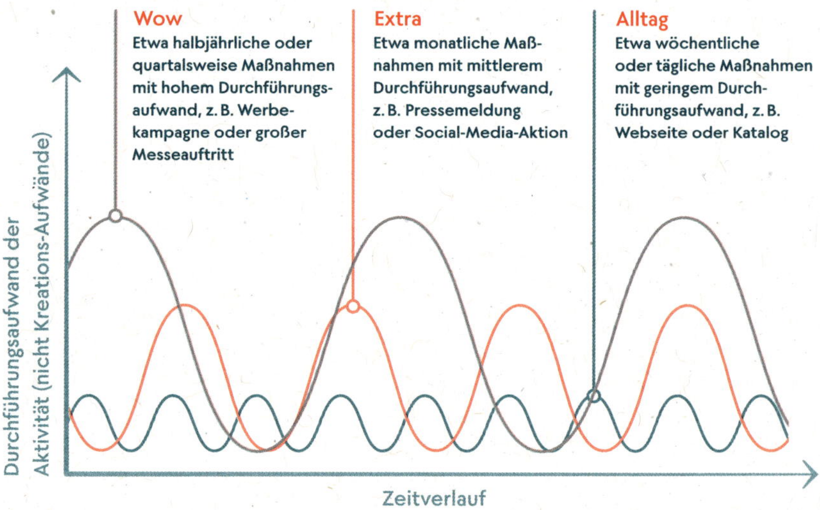

Diese kurze Beschreibung zeichnet den Entscheidungsprozess der Interessent:innen nach. Station für Station, Kontaktpunkt für Kontaktpunkt, durchläuft sie oder er die sogenannte Customer Journey bzw. den Sales Funnel. Marketing-Fachleute zerlegen dieses Modell in seine einzelnen Bestandteile, um zu untersuchen, aufgrund welcher Maßnahmen Interessent:innen von Phase zu Phase weitergehen. Bei jedem Übergang von einer Station zur nächsten lässt sich nur ein bestimmter Anteil an Interessent:innen überzeugen, in die nächste Phase zu

Kommunikation strategisch planen

Marketingmaßnahmen und -aktivitäten bauen aufeinander auf und wirken unterschiedlich stark.

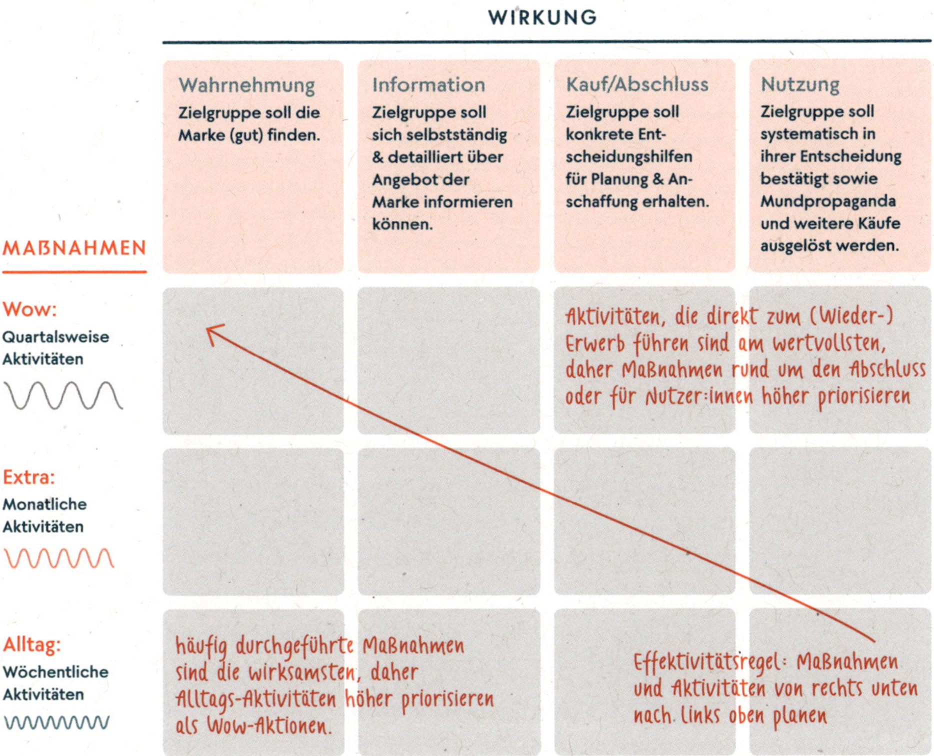

wechseln. So werden es von Station zu Station immer etwas weniger, was im Modell als Funnel (zu deutsch: Trichter) verbildlicht wird. Guten Kommunikationsmaßnahmen gelingt es, bei diesen Übergängen möglichst wenige Interessent:innen zu verlieren. Denn im Laufe der Reise werden die Interessent:innen immer wertvoller für die Unternehmung. Schließlich ist es mit einigem Aufwand verbunden, sie zu dieser Reise zu bewegen.

Wer wirksame Kommunikation planen will, muss also den gesamten Entscheidungsprozess der Interessent:innen in den Blick nehmen – und sich vergegenwärtigen, dass Wirkung an jeder Stelle dieser Reise ganz etwas anderes bedeuten kann. Zu Beginn geht es darum, Aufmerksamkeit zu erzeugen. Hat die Marke diese, will sie als nächstes erreichen, dass Interessent:innen sich näher über sie informieren. Anschließend geht es darum, dass daraus konkrete Anfragen entstehen. Und aus Anfragen sollen Käufe werden. Und aus positiven Markenerlebnissen erneute Käufe. Und daraus im Idealfall auch Weiterempfehlungen.

Für jeden dieser Schritte werden andere Kommunikationsmaßnahmen benötigt. Während es für die Wahrnehmung vermutlich noch um Werbung geht, ist es bei der eigentlichen Kaufentscheidung wichtig, wie das Angebot konkret dargestellt und begründet wird. Und für eine Weiterempfehlung braucht es eine positive, besser sogar eine die Erwartungen übertreffende, Erinnerung. Die eine wirksamste Kommunikationsmaßnahme gibt es daher nicht. Stattdessen braucht es unterschiedliche, aufeinander aufbauende Maßnahmen. Jede einzelne maßgeschneidert, um genau eine gewünschte Wirkung in genau einer bestimmten Phase zu erzielen.

Dabei gilt, dass Maßnahmen, die weiter vorn auf der Kund:innenreise ansetzen, immer nur so wirksam sein können wie die darauf folgenden Maßnahmen. Die tollste Werbung mag für viel Aufmerksamkeit sorgen, bringt aber nichts, wenn die vielen Interessent:innen danach trotzdem nur auf lausiges Informationsmaterial stoßen. Die Wirkung der klügsten Broschüre verpufft, wenn ihr Inhalt von inkompetenten Verkaufsberater:innen vorgetragen wird. Und der Anruf bei der 0800-Nummer auf dem Firmenfahrzeug enttäuscht, wenn nur ein dummer Bot abhebt. Diese Beispiele zeigen, dass es am wirksamsten ist, immer erst die Marketingmaßnahmen am Ende der Reise zu optimieren: Dort kommen nur Interessent:innen an, die schon mehrere Stationen durchlaufen und es dennoch bis hierher geschafft haben. Jede:r Einzelne von ihnen, die/der jetzt durch bessere Kommunikation zusätzlich gewonnen werden kann, ist besonders wertvoll.

Erst Alltag, dann Sonntag

Um das Kosten-Nutzen-Verhältnis von Kommunikationsmaßnahmen weiter zu optimieren, lohnt sich ein Blick auf den Aufwand zu ihrer Durchführung. Dazu gehört die ganze Zeit und das gesamte Budget, das nötig ist, um etwa eine Kampagne zu schalten oder auf einer Messe mit eigenem Stand vertreten zu sein. Nicht in diese Rechnung zählt der Aufwand für die Kreation, denn er fällt nur einmal an, ist von Maßnahme zu Maßnahme sehr unterschiedlich und verfälscht dadurch die Vergleichbarkeit. Maßnahmen, die so viel Kosten und Wirbel in der Organisation verursachen, dass sie nur zwei bis drei Mal im Jahr bewältigt werden, könnte man als Wow-Maßnahmen bezeichnen, es sind sozusagen quartalsweise Aktivitäten. Dann gibt es eine Kategorie an Aktivitäten, die in der Anwendung recht unaufwändig sind, die eigene Website wäre ein Beispiel dafür oder ein Produktkatalog. Beides kostet Zeit und Geld, doch wenn sie erst einmal erstellt sind, dann sind sie da und können ohne großen Aufwand immer wieder eingesetzt werden. Diese Maßnahmen lassen sich als Alltagsmaßnahmen bezeichnen, die als wöchentliche oder gar tägliche Aktivität zum Einsatz kommen. Zwischen Wow und Alltag gibt es noch eine dritte Kategorie für Maßnahmen mittleren Aufwands. Wir nennen sie die Extra-Maßnahmen oder auch die monatlichen Aktivitäten. Pressemeldungen oder die Erstellung eines Redaktionsplans für Social-Media-Posts könnten als Beispiel dafür dienen. Beginnt man seine geplanten Maßnahmen entlang dieser Kategorien zu clustern, fällt schnell auf, dass Aktivitäten, die zu den Alltagsmaßnahmen zählen, normalerweise nicht besonders stark im Fokus der Kommunikationsplanung liegen. Und das, obwohl es sehr wahrscheinlich ist, dass sie bei Interessent:innen hohe Wirkung erzielen, schließlich sind sie ständig im Einsatz. Wow-Maßnahmen hingegen binden schon in der Vorbereitung intern die volle Aufmerksamkeit aller. Doch ihre Durchführung dauert meist nicht lange und so ist ihre Wirkung nur punktuell stark. Trifft das auf deine Unternehmung zu, dann lautet die Ableitung daraus: Überdenke die Prioritäten und gib in der Kommunikationsplanung den Alltagsmaßnahmen Vorrang vor den Sonntags- bzw. Wow-Maßnahmen.

Beginne mit den Fans

Je weiter die Interessent:innen auf ihrer Reise zur Nutzung des Angebots einer Marke fortgeschritten sind, desto stärker interagieren sie mit ihr. Was das bedeutet, lässt sich etwa an der Präsenz in Suchmaschinen gut illustrieren. Stell dir vor, jemand sucht nach der Verwendung deines Produkts bei einer großen Suchmaschine: Das ist der Kontext, in dem deine Marke präsent sein sollte. Soweit so klar. Aber meist sind Marken eben nicht auffindbar, wenn Nutzer:innen nach Details der Verwendung ihres Produkts suchen. Denn dabei handelt es sich in der Regel um Detailinformationen, die tief in irgendwelchen Gebrauchsanweisungen oder technischen Datenblättern stecken. Also nicht das Erste, an das Unternehmungen denken, wenn es darum geht, Inhalte digital adäquat verfügbar zu machen. Doch das ist eine ungenutzte Chance im Kampf um Aufmerksamkeit. Nur wenn ich Aufmerksamkeit für etwas habe, kann ich in einen Austausch kommen, nur dann kann ich etwas verkaufen.

Interessent:innen, die im Entscheidungsprozess weit fortgeschritten sind, haben sich bereits in das Angebot dieser Marke vertieft. Und je näher eine Information an ihnen dran ist, desto bedeutsamer wird sie. Darum ist es eine vergebene Chance, wenn sich Unternehmungen nicht darum kümmern, wie die Endverbraucher:innen ihr Produkt eigentlich nutzen. Und wie diese Nutzer:innen im Internet darüber reden. Oder wie sie nach Hilfe fragen. Wenn es immer wieder heißt: »Wie lässt sich der Ring XY aus dem Produkt Z lösen?« sollte die Marke präsent sein. Das setzt voraus, dass ich als Marke im direkten Dialog mit meinen Nutzer:innen stehe. Je besser die Marke ihre Nutzer:innen kennt, desto näher ist sie an ihnen dran, desto mehr kann sie verstehen. Alle, die zwischen diesen beiden stehen, werden zu einem Problem für beide Seiten. Gerade für Marken, die ihre Produkte nicht direkt, sondern mehrstufig über den Handel vertreiben, ist das noch immer eine Herausforderung. Sie denken, das sei die Aufgabe ihrer Absatzmittler. Doch der Handel kümmert sich entweder einen Sch… darum, oder er intensiviert die Beziehung zu den Nutzer:innen so sehr, dass sie ihm irgendwann loyal erhalten bleiben, selbst wenn er sein Produktangebot austauscht. Die großen Internetfirmen, über die viele Unternehmungen so klagen, tun tatsächlich nichts anderes, als sich sehr genau für ihre Kundschaft zu interessieren. Apple, Amazon oder Meta sind ja nicht deswegen wertvoll, weil sie etwas wahnsinnig Tolles herstellen, sondern weil sie so genau wissen, was ihre Nutzer:innen sich wünschen und Informationen und Produkte dann genau darauf maßschneidern. Insbesondere wer die Klimabedingungen des Digitalen verstehen will, muss den Dialog mit seinen Fans beginnen. Jede Marke sollte sich auf Grundbedingungen wie die direkte Verbindung zwischen Produzent:in und Nutzer:in und die Bereitschaft zu kontinuierlichem Lernen zwischen beiden Seiten einstellen.

Dichtezonen mit höherer Aufmerksamkeit schaffen

Erfolgreiche Kommunikation ist auch von ihrer Lautstärke abhängig. Sie muss nicht schreien, um aufzufallen – aber in der Kakofonie ihres Umfelds doch deutlich wahrnehmbar sein. Um durchzudringen, braucht es ausreichenden Werbedruck. Den herzustellen ist nicht leicht, schließlich sind Kommunikationsbudgets endlich und Werbeschaltungen nicht kostenlos. Wie genau werbliche Aktivitäten am besten zu planen und zu messen sind, ist eine Wissenschaft für sich. Um seinen Ruf wirksam zu stärken, hat sich aus unserer Sicht die taktische Faustregel bewährt, Zonen zu schaffen, in denen die Marke zumindest phasenweise als stärkster Kommunikator wahrgenommen wird. Wir nennen diese besonders intensiv bespielten Bereiche »Dichtezonen«. Sie zu bauen bedeutet ganz konkret und praktisch: Statt regelmäßig eine halbseitige Anzeige in Fachzeitschriften zu schalten, lieber das Geld auf weniger Auftritte konzentrieren – dann aber mit ganzseitiger Anzeige auf dem Titel, der Rückseite oder sonst einer auffälligeren Sonderwerbeform. Statt ganzjährig immer ein bisschen Radiowerbung machen, lieber zweimal im Jahr auf einem Sender jeden Werbeblock buchen. Statt Social Media Ads an eine breite Zielgruppe im ganzen Land zu richten, die Ausspielung besser soziodemografisch oder regional stark einschränken und damit punktuell deutlich sichtbarer werden. Und innerhalb kurzer Kampagnenzeiträume konzertiert alle Kommunikationskanäle gleichzeitig bespielen statt über Wochen einen nach dem anderen. Mittels der Konzentration auf Dichtezonen wirkt der Auftritt der Marke auch in lauten, unruhigen Umfeldern kraftvoll und hat größere Wahrscheinlichkeit, die Wahrnehmungsschwelle zu überwinden. Denn es ist immer wirkungsvoller für die Unternehmung, als führend in einer Nische angesehen zu werden, als überall irgendwie auch dabei zu sein.

Macht Marke
Transformation

Viel wird über Change und Veränderungen in Unternehmungen und Gesellschaft gesprochen. Selten wird in diesem Zusammenhang der Wert von Marke thematisiert. Wir glauben, dass Marke das stärkste Führungsinstrument für den Wandel ist. Mit ihrer Hilfe lässt sich ein Zukunftsbild zeichnen, das die Grundlage für Veränderung ist. Wer Marke so versteht, erkennt in ihr ein Managementsystem, das nachhaltiger wirkt als jeder Change-Workshop.

Aber erwarte keine Blitzlösungen. Der Weg, den wir beschreiben, braucht Ausdauer und Geduld – er führt von der Markenführung zur Führung über Marke.

Marke machen heißt den Status quo verschieben

Sich mit Marke zu befassen bedeutet, die Zukunft einer Unternehmung aktiv zu gestalten. Eine Positionierung zu erarbeiten bzw. ein Profil zu formulieren ist nichts anderes, als sich ein Zukunftsbild der Marke auszumalen. Mit dem Markenprofil wird das Ziel benannt, in dessen Richtung die Unternehmung geführt werden soll. Diese Zukunft ist der Bereich, den wir nicht kennen, der herausfordernd und in unseren Zeiten bisweilen auch überfordernd ist. Häufig wählen wir als Orientierung für die Zukunft das, was wir bereits kennen. Die normative Kraft des Faktischen, der Glaube daran, etwas wiederholen zu können, was schon mal gelungen ist, prägt viele Zukunftsbilder. Die Psychologie spricht hier vom sogenannten Social Proof, einem Wahrnehmungsbias, der Handlungen und Einstellungen wertvoll und richtig wirken lässt, weil wir sie immer schon so gemacht haben bzw. weil sie bei anderen schon mal funktioniert haben. Gegen die daraus erwachsene konservative und nicht selten mutlose oder sogar voreingenommene Grundhaltung hilft ein klares Zukunftsbild: Marke formt eine Idee von Morgen, die den Status quo nicht zum Maßstab erhebt, sondern in eine bessere Zukunft verschieben kann. Wer sich mit den Kernfragen der Zukunft seiner Unternehmung befasst, formt deren künftigen Erfolg.

Erfolgreiche Markenmacher:innen handeln nicht kurzfristig und opportunistisch aktuellen Markttrends folgend, sondern systematisch und mit festem Blick auf eine übergeordnete Idee. Sie bieten mit ihren Antworten eine sachliche Orientierung für das Unbekannte, für die Herausforderung und manchmal auch Überforderung des Morgen. Sie beschreiben den tieferen Grund, das *Warum?* einer Unternehmung und ermöglichen ihr damit, im *Was?* und *Wie?* auch auf Unvorhergesehenes zu reagieren. Vor allem streben sie aber immer danach, den Status quo der Unternehmung in Richtung des Zielbilds der Marke zu verschieben. Denn Transformation ist inhärenter Bestandteil der Markenarbeit.

Und nach unserer Erfahrung ist kaum etwas im Stande, den Wandel von Unternehmungen so sehr anzutreiben wie die klare, übergeordnete Idee der Marke.

Marke treibt Transformation

Dieses Buch trägt den mehrdeutigen Titel »Macht Marke!«. Es wird also Zeit, dass wir uns dem Appell widmen, der in dieser Aussage steckt. Denn während die Markenarbeit nach außen den guten Ruf der Unternehmung prägt, entfaltet Marke nach innen eine ungeahnte Superkraft: Sie wird zum Treiber des Wandels.

Wer auf Innovation setzt, wer seine Unternehmung voranbringen will, wer sich fragt, wie sie oder er zur führenden und differenzierenden Marke in seinem Bereich werden kann… für den haben wir eine Antwort: Marke muss die Unternehmung führen. Schon klar, das klingt erst mal kühn. In Wirklichkeit geht das doch anders, oder? Da werden Unternehmungen durch erfahrene Manager:innen anhand objektiv bewertbarer Kennzahlen und messbarer Vorgaben geführt. Doch genau darin steckt das Missverständnis: Generisch formulierte, rein an wirtschaftlichen Indikatoren orientierte Ziele sind kraftlos gegenüber dem Zukunftsbild einer Marke, das ein höheres Ziel anbietet. Zwar sind Vorgaben aus so einem Zukunftsbild nicht in direkter Ableitung mit nüchternen Kennzahlen messbar, können dafür aber – und das ist entscheidend – intrinsische Zugkraft für die gesamte Organisation entfalten. Denn die Nr. 1 in Polen oder der größte Anbieter in Marktsegment XY zu werden, motiviert niemanden, jeden Morgen aufzustehen und anzupacken – außer vielleicht ein paar Gründer:innen, Investor:innen oder Top-Manager:innen. Das Ziel, der beste Anbieter seiner Art zu sein, einen Markt mit einer Innovation umzukrempeln oder die Welt der Menschen jeden Tag spürbar zu verbessern, eben schon. Marke hat das Potenzial, Unternehmungen dauerhaft und zielgerichtet zu stetigen

Verbesserungen und Innovation zu treiben. Marke ist eine Superkraft der Transformation.

Dass das wirklich funktioniert, registrieren inzwischen selbst konservative, internationale Investmentgesellschaften und Unternehmensberatungen. Larry Fink, CEO des weltgrößten Vermögensverwalters Blackrock, wies in seinem legendären CEO Letter 2019 auf den Zusammenhang zwischen Gewinn und Sinn in Unternehmungen hin: »Purpose is not the sole pursuit of profits but the animating force for achieving them. Profits are in no way inconsistent with purpose – in fact, profits and purpose are inextricably linked.« Und EY, eine der vier umsatzstärksten Wirtschaftsprüfungsgesellschaften weltweit, stellt in einer groß angelegten Studie »The Business Case for Purpose« mit dem Harvard Business Review fest: »Most executives believe purpose matters… but only a minority said their company currently runs in a purpose-driven way. Companies with a strong sense of purpose are able to transform and innovate better.«

Wer sich also für die Transformation von Organisationen interessiert, sollte Marke zu seinem/ihrem wichtigsten Werkzeug machen.

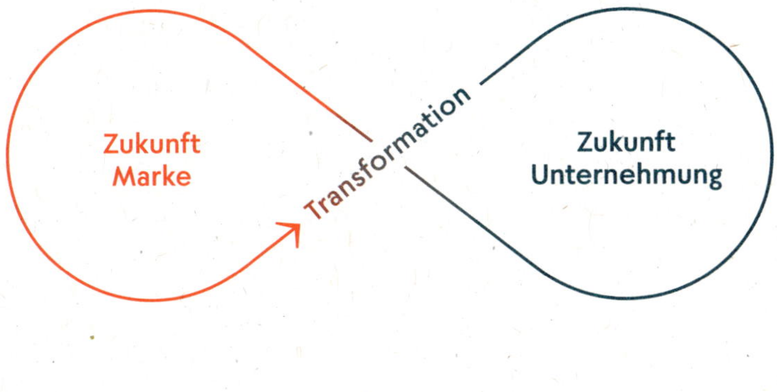

Marke als Managementsystem

Marke ist zu managen. Davon muss in Unternehmungen heute kaum einer mehr überzeugt werden. Sich rund um die Führung der Marke mit der Entwicklung von Maßnahmen, Planung von Ressourcen, Budgetierung, Personalbesetzung, Controlling etc. zu kümmern ist anerkanntermaßen richtig und wichtig. Doch das sind alles operative Fragen. Die Gestaltungskraft von Marke als Zukunftsbild geht weit darüber hinaus. Marke eignet sich exzellent als Führungsprinzip für die Transformation von Organisationen. (Als überzeugte:r Markenmacher:in fragt man sich bisweilen sogar, wie Transformationsprozesse ohne Marke im Mittelpunkt überhaupt möglich sein sollen.) Denn sämtliche Prozesse, Systeme und Funktionen einer Unternehmung – von der Führung bis zum Personal, von Forschung und Entwicklung über die Produktion bis zur Distribution sowie Einkauf oder Vertrieb etc. – sind Teil der Marke und leisten ihren spezifischen, konkreten Beitrag. Wie kaum etwas anderes ist Marke in der Lage, zum Sinnstifter, Bindungsstoff und Gestalter einer Unternehmung zu werden. Sie bietet den Bezugsrahmen für das unternehmerische Tun. Alle ihre Ressourcen, Fähigkeiten und Fertigkeiten stellt die Unternehmung in den Dienst der Marke, um ihren spezifischen Zweck zu erfüllen. Die Unternehmung verfolgt fortwährend die Aufgabe, typische Markenleistungen im Sinne der Präferenzen ihrer Nutzer:innen auf den Markt zu bringen, zu reproduzieren und zu innovieren. Gelingen kann das nur, wenn das Markenbild in Unternehmungen lebt und atmet, dort tief verankert ist. Das heißt, dass Mitarbeiter:innen und Führungskräfte die Markeninhalte nicht nur kennen, sondern verstehen, ja dafür einstehen (im neudeutschen Berater:innen-Slang sich darauf committen), sie beherrschen und weiterentwickeln sollten. Auf diese Art ist die Marke das Ergebnis einer konzertierten Gemeinschaftsleistung. Und aus der unternehmerischen Teilaufgabe »Führung der Marke« wird »Führung über Marke« zum Prinzip für die gesamte Unternehmung. Es liegt für die oberste Führungsebene also eine große Chance darin, sich klar zur Marke zu bekennen und alle strategischen Weichenstellungen konsistent und erkennbar an der Marke auszurichten.

Führung der Marke

Das meinen wir durchaus ganz praktisch. Eine Positionierung zu entwickeln bzw. das Markenprofil zu formulieren ist nur der Anfang. Anschließend dafür zu sorgen, dass dieses Zukunftsbild im Managementsystem der Unternehmung zur inhaltlichen Richtschnur aller Zielvorgaben wird, ist der erfolgsentscheidende nächste Schritt. Ist beispielsweise die OKR-Methode in der Unternehmung etabliert (»Objectives and Key Results«, zu deutsch: Ziele und Schlüsselergebnisse, in den 1970er bei Intel entwickelte und seit 1999 durch den Einsatz bei Google populär gewordene Methode zur Mitarbeiter:innen-Führung und agilen Strategieumsetzung), sollten die Ziele der Marke Eingang in alle qualitativen »Objectives« (Wo will ich hin, bzw. was möchte ich erreichen?) und quantitativen »Key Results« (Wie sieht das Zielergebnis aus und wie kann ich das messen?) heruntergebrochen werden.

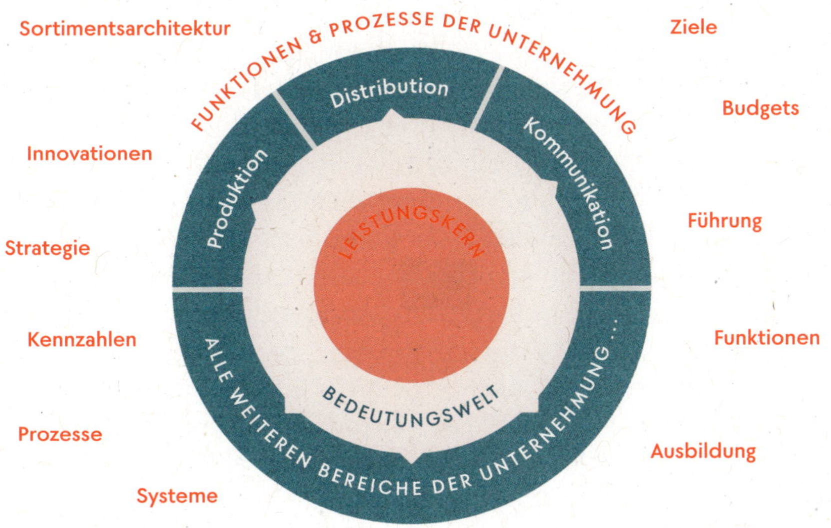

So wird die übergreifende Idee des Markenprofils detailliert in jeden Bereich getragen. In der Praxis wird diese Chance leider oft vertan, da Marke bzw. das *Warum?* der Unternehmung nicht konsequent an die erste Stelle aller Zielvorgaben gesetzt wird. So verpufft die Wirkung der inhaltlichen Zielvorgabe, weil jede:r Mitarbeiter:in nur auf die Erreichung seiner weiterhin generisch formulierten Zielvorgaben verpflichtet wird.

Unternehmerischer Erfolg ist das Ergebnis, nicht das Ziel

Unternehmungen möchten möglichst viel Ertrag erwirtschaften. Dabei kann sich der Erfolg in vielem messen, etwa in der Reichweite, der Zahl der Verkaufspunkte, an denen ein Produkt oder Service angeboten wird, oder der aktiven Community oder wie meist ganz schlicht an der Umsatzrendite. Aus diesem Wunsch heraus hat sich in der Praxis vieler Organisationen ein großes Missverständnis eingeschlichen: Sie formulieren Zielvorgaben als Kennzahlen. Typisch sind dabei Aussagen wie »in fünf Jahren so und so viele Abonnent:innen gewinnen«. Oder: »den polnischen Markt erschließen«. Eine schon etwas länger und auch heute noch in Chef:innenetagen propagierte, besonders radikale Form des Kennzahlen-Ziels ist das BHAG [sprich: bihɛg]. Diese Abkürzung steht für – kein Witz – »Big Hairy Audacious Goal« (zu deutsch: Großes, haariges, kühnes Ziel). Meist wird es genutzt, um ziemlich generische, ambitionierte Unternehmensziele zu formulieren. Zum Beispiel Microsofts berühmtes Ziel, einen Computer auf jeden Schreibtisch und in jedes Zuhause zu bringen. Oder Walmarts Ziel aus dem Jahr 1990, bis 2000 $125 Milliarden an Umsatz zu erreichen.

Das Missverständnis solcher Vorgaben besteht aus der Sicht von Markenmacher:innen darin, dass unternehmerischer Erfolg ein Ergebnis sein sollte, nie aber ein Ziel. Denn eine Kennzahl beschreibt weder, warum etwas getan werden soll, noch wie. Sie nennt nur die Ambition, einen Messwert zu erreichen. Natürlich lässt sich die Ambition einer Unternehmung in so einer Form auf den Punkt bringen. Nur gibt so eine Kennzahl kaum einen Hinweis darauf, in welcher Art dieses Ziel erreicht werden soll. Es benennt keine Problemlösung, es erfüllt keinen Nutzer:innen einen Traum und es gibt Mitarbeiter:innen nur eine dürftige Vorstellung davon, was sich dadurch für ihre konkrete Arbeit verändert. Auch ob das Ziel höher oder niedriger gesteckt wird, erklärt nicht, ob und wie sich daraufhin ihr Alltag in der Unternehmung ändern muss oder soll. Gegenüber dem Wettbewerb sind diese Ziele zudem vollkommen austauschbar. Microsofts Ziel hätte ebenso von Apple, Dell oder Samsung formuliert werden können. Und die Umsatzträume von Walmart könnten sich auch Target oder Trader Joe's erfüllen wollen. So ein Ziel motiviert vielleicht ein Gründungsteam oder eine Geschäftsführung. Die Mitarbeiter:innen in mittleren oder unteren Rängen nehmen es nur schulterzuckend zur Kenntnis, denn für sie ist es weder Anreiz noch handlungsleitend. Sie suchen nach etwas, das als Sinnstifter, Bindungsstoff und Gestalter konkrete Orientierung für die tatsächlichen Aufgabenstellungen ihrer konkreten Arbeit bietet. Erwünschte Erfolgskennzahlen reichen dafür nicht, doch die Vorgaben der Marke können genau das erreichen.

Hindernisse beseitigen, Menschen befähigen

Es gibt ein erstaunliches Phänomen, das in nahezu jedem Markenprojekt auftaucht und wir nennen es »das Zaudern vor der Konsequenz«. Es befällt vor allem Führungskräfte, die beginnen, darauf zu verweisen, ihre Organisation sei nicht bereit für diese oder jene Entscheidung. Und das, obwohl die Mitarbeiter:innen in aller Regel das Gegenteil sagen.

Die Ermittlung des Status quo und darauf aufbauend dann die Entwicklung eines gemeinsamen Zukunftsbildes für die Marke im Rahmen eines kollektiven Prozesses mit vielen Beteiligten weckt Hoffnungen bei den Mitarbeiter:innen. Nach so einem Prozess ist jeder und jedem klar, wo die Herausforderungen liegen und auch wie die Unternehmung ihnen begegnen will. Für die Führungskräfte, vor allem diejenigen an der obersten Spitze, ist das Ergebnis oft nicht grundsätzlich neu. Schließlich ist es Teil ihrer Rolle, immer den Gesamtüberblick zu haben. Alles einmal in Gänze vor sich zu haben, ist zwar interessant, aber darin steckt für sie noch keine Lösung. Es sind noch immer dieselben Hindernisse zu überwinden wie vor dem Prozess. Und bisher war ja auch nie jemand bereit, Veränderungen, welche sie beseitigen, wirklich mitzugehen.

Doch wer Marke als Führungsprinzip anwendet, kann genau das erreichen. Denn gerade Kolleg:innen ohne Top-Führungsverantwortung erhalten dank der Einbindung in den Prozess der Markenarbeit erstmals einen Gesamteindruck über die Herausforderungen der Organisation. Und verstehen so, welchen Teil sie zur Lösung beitragen. Die Bereitschaft, im Sinne der Umsetzung des Zukunftsbilds bestehende Hindernisse abzubauen, ist dadurch groß. Einfach, weil jede und jeder nun nachvollziehen kann, aus welchem Grund das gemacht wird.

In aller Regel ist es sogar mehr als nur Bereitschaft: Die Menschen in der Organisation erwarten sogar, dass nun im Sinne des Zukunftsbildes gehandelt wird. Dass die Weichen entsprechend gestellt werden, die Organisation entsprechend umgebaut, Budgets neu verteilt, brachliegende Themen bearbeitet, neue Fähigkeiten aufgebaut und erste Erfolge eingefahren. Oft sind sie sogar ungeduldig und können es kaum erwarten. Die Mitarbeiter:innen wollen umsetzen, sind jedoch noch gefangen im bestehenden System. Die Führungsetage … zaudert. Denn die Liste möglicher Hindernisse ist lang:

- Unnötig formale Strukturen und Prozesse verlangsamen das Fortkommen
- Unmittelbare Vorgesetzte stellen sich gegen die gemeinsamen Ziele
- Bestehende Budgetzuteilungen vereiteln neue Schwerpunkte
- Leistungsbeurteilungen anhand ungeeigneter Kriterien
- Die Performance wird an widersprechenden Indikatoren gemessen

- Erforderliche Fähigkeiten sind nicht vorhanden und werden nicht aufgebaut
- Spannbreite der angebotenen Produkte und Dienste raubt Zeit, sich um das Richtige zu kümmern
- etc.

Jede Projektphase braucht Energie

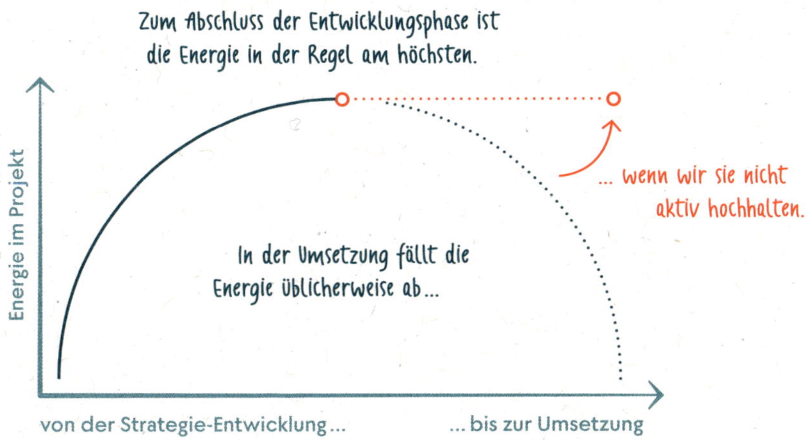

Hindernisse zuzulassen, welche die Umsetzung blockieren, bremsen den Veränderungsprozess und entziehen der Organisation Energie für den Wandel. Es ist Aufgabe der Führung, Hindernisse nicht zu dulden und aktiv an ihrer Beseitigung zu arbeiten. Dies reicht vom Umgang mit demonstrativ skeptischen, abwartenden oder gar gegen die Marke arbeitenden Kolleg:innen bis zur Befähigung der Organisation mit den notwendigen neuen Fähigkeiten, etwa durch Weiterbildungen, Neueinstellungen oder Budgetfreigaben für die Unterstützung durch externe Expert:innen. Oft lässt sich sogar beobachten, dass schon energisch angekündigtes Handeln einer Organisation Energie verleiht, obwohl das Ergebnis noch auf sich warten lässt.

Ein kollektiver Prozess entfesselt Energie und bricht Widerstände

Wer versucht, Organisationen zum Wandel zu bewegen, macht schnell Bekanntschaft mit passiver Trägheit und aktiven Widerständen. Wer Transformationsprozesse von außen beratend begleitet, erlebt dieses Phänomen immer wieder. Da versanden schlaue, durchdachte Konzepte in den Niederungen der Umsetzung oder erblicken nur halb gar das Licht der Welt, um dort zu verpuffen. Doch auch der Prozess des Wandels kann gestaltet werden. Bei seiner letzten Station als hauptberuflicher Berater lernte Lucas am Institute of Brand Logic eine Methode kennen, mit der es fast in jedem Projekt gelang, eine erstaunliche Energie in den Organisationen freizusetzen. Wie lässt sich eine Unternehmung also für das Thema Marke motivieren?

Eigentlich ganz einfach: indem alle mitmachen. Und zwar von Beginn an. Konzepte nicht im stillen Kämmerlein zu entwickeln, sondern in großen gemeinsamen Workshops zu entwerfen und anschließend nur noch verdichtet zusammenzufassen, hat einen erstaunlichen Effekt: Menschen unterstützen Themen, bei deren Kreation sie mitgeholfen haben. Auch die in jeder Organisation vorhandenen Skeptiker:innen, ob passiv oder aktiv, lassen sich im Rahmen des gemeinsamen Dialogs exzellent integrieren. Ihre Argumente werden als Teil der gemeinsamen Meinungsbildung bewertet und eingeordnet, statt dass sie informell und unkommentiert über die Flure wabern. Gerade daraus bezieht dieses Vorgehen seine Stärke: Alle Stimmen werden gehört. Aus der Interaktion entsteht Energie. Und aus der Integration in den Prozess die empfundene Verpflichtung, das Thema weiterzutragen. Zudem wird jeder und jedem dadurch die eigene Zuständigkeit für die Marke vor Augen geführt. Schließlich trägt jede einzelne Kollegin und jeder einzelne Kollege an ihrer bzw. seiner jeweiligen Stelle in der Organisation dazu bei, die Marke erlebbar zu machen. Und darum kümmert sich nur sie bzw. er – niemand sonst.

In der Forschung über das Verhalten von Organisationen gibt es zur Erklärung dieses Phänomens zwei einfache Formeln, die deutlich machen, wie in Transformationsprozessen Energie entsteht bzw. wie sich Widerstände verringern lassen. Sie eignen sich gut, um zu veranschaulichen, wie die Arbeit mit dem Zukunftsbild der Marke in Organisationen seine Wirkung optimal entfalten kann.

Die erste Formel benennt die drei zentralen Faktoren, aus denen sich bei Mitarbeiter:innen Energie für den Wandel entwickelt. Zum einen möchten sie den Sinn ihrer Unternehmung verstehen. Was ist ihr höherer Zweck? Wir können das auch Purpose nennen. Niemandem gefällt es, nur an irgendwas mitzuarbeiten, hingegen wünscht sich jede:r, zu etwas Relevantem beizutragen. Sinnstiftung ist wichtig, doch damit Energie entsteht, sollten zwei weitere Faktoren gegeben sein: Hoffnung und Befähigung. Denn selbst die ehrenhaftesten Vorhaben werden unglaubwürdig, wenn nicht erkennbar ist, dass die Organisation auch tatsächlich danach handelt. Etwa indem sich Dinge ändern, die Mitarbeiter:innen hoffen lassen, dass etwas in Bewegung gerät. Oder dass Führungspersonen in Verantwortung sind, von denen Mitarbeiter:innen wissen, dass sie bereits in der Vergangenheit viel in Bewegung gesetzt haben. Das nährt die Hoffnung auf tatsächlichen Wandel. Fehlt nur noch, dass die Organisation auch tatsächlich in die Lage versetzt wird, zu tun, was es braucht. Dass sie befähigt wird, durch die richtigen Arbeitsmittel, die notwendige Ausbildung oder auch entsprechende Budgets. Denn nur so wird für die Mitarbeiter:innen aus der Ambition auch die konkrete Möglichkeit zu handeln.

Energie für den Wandel

=

Sinn × Hoffnung × Befähigung

Die zweite Formel nimmt die Entstehung von Widerständen in Organisationen in den Blick. Das ist wichtig, schließlich gehört Reaktanz zum Alltag jedes Transformationsprozesses: Das haben wir schon immer so gemacht. Never change a running system. Wer sagt denn, dass das besser ist? Und so weiter. Um den Widerstand in Organisationen zu verringern, weist die Formel auf drei Faktoren hin. Der erste ist das Unbehagen mit dem Status quo. Je unwohler sich die Organisation in ihrer aktuellen Realität fühlt und je mehr allen deutlich wird, wie fatal sich das bequeme »weiter so« schon bald auswirken könnte, desto höher wird die Notwendigkeit für den Wandel empfunden. Der zweite Hebel, um Beharrungskräfte zu schwächen, liegt darin, ein schärferes und detailreicheres Bild der Zukunft zu zeichnen. Denn Widerstand findet seinen Nährboden oft in der Unsicherheit oder gar Angst vor dem Unbekannten. Je genauer Mitarbeiter:innen verstehen, was auf sie zukommt, desto besser können sie sich darauf einstellen. Ihnen wird deutlich, auf welches Können es dabei ankommen wird. Und auch was sie dafür erlernen sollten, um gut vorbereitet zu sein. Die Anforderungen werden einschätzbar und wirken weniger bedrohlich. Der dritte Ansatzpunkt sind mutige Vorbilder. Leuchtturm-Projekte, die beweisen, dass möglich ist, was unmöglich schien. Die belegen, dass die anfängliche Skepsis übertrieben war. Und abstrakt formulierte Visionen plötzlich ganz konkret machen.

$$\text{Widerstand gegen den Wandel} < \text{Unbehagen} \times \text{Zukunft} \times \text{Erste Schritte}$$

Von innen nach außen.

→ Marke lässt sich nicht überstülpen, beginne daher immer innen. Erst in die Attraktivität der Leistung investieren, dann in die Bekanntheit. Erst Mitarbeiter:innen und Fans informieren, dann die allgemeine Öffentlichkeit.

Denn Markenarbeit von außen nach innen ist bestenfalls wirkungslos, schlimmstenfalls schädlich.

Bilde eine Führungskoalition

Marke machen ist immer ein gemeinsames Projekt. Ihre Vorgaben gelten für jeden Einzelnen, in allen Bereichen und somit für die gesamte Organisation. Darum zeitigt das Projekt Marke dann den größten Erfolg, wenn es von einer starken Führungskoalition ins Rollen gebracht und vorangetrieben wird. Doch was tun, wenn es die nicht gibt? Wenn in der Geschäftsführung, im Vorstand oder im Gründungsteam nur eine Person der Auffassung ist, die Arbeit an der Marke sollte zügig angegangen werden, die anderen aber skeptisch sind, andere Prioritäten setzen oder sich nicht davon betroffen fühlen? Könnte das Thema nicht erst mal nur im Bereich Marketing und Vertrieb gestartet werden? Oder wäre es möglich, sich mit dem Wohlwollen der Führung erst mal nur im mittleren Management mit der Marke zu beschäftigen? Die ehrliche Antwort ist unangenehm: Ohne Konsens im Führungskreis wird es schwer.

Vorgaben, die sich aus der Marke ergeben, gelten für jeden Teilbereich, können aber nicht nur für oder von einem Teilbereich erarbeitet werden. Denn wenn das Zukunftsbild der Marke etwa nur durch Diskussionen in Marketing und Vertrieb entsteht, fehlen den Kolleg:innen vom Personalwesen über den Einkauf bis zur Produktion ziemlich sicher wichtige Aspekte daran – wahrscheinlich sogar unabhängig davon, ob das tatsächlich so ist. Das, was viel schmerzlicher fehlt, ist die Teilhabe an diesem wichtigen Prozess. Dann heißt es erst mühsam nachbessern, damit die Kolleg:innen vielleicht darauf einsteigen. Und hält sich der Führungskreis gleich ganz heraus und delegiert diese Aufgabe ans mittlere Management, sendet er das Signal »Marke ist nicht wichtig genug für die Chef:innenetage«. Damit ist dem Thema Marke dann von Beginn an die Legitimation entzogen, die Unternehmung in die Zukunft zu führen – schließlich ist Unternehmensführung Chef:innensache. Ein Führungskreis, der beim Thema Marke halbherzig agiert oder sich als Zuschauer sieht statt eine aktive Rolle einzunehmen, behindert erfolgreiche Markenarbeit massiv. Um das Projekt Marke zu starten, müssen daher alle Schlüsselspieler:innen an Bord sein. Im Führungskreis muss darüber Einigkeit bestehen, die künftigen Herausforderungen mit dem klaren Zukunftsbild der Marke anzugehen.

Damit Marke also den Wandel von Organisationen treiben kann, braucht es nicht nur operatives Management, sondern immer auch die Führungsverantwortlichen als Gesicht und Stimme. Es ist eine Führungsaufgabe, den Raum für Dialog zu öffnen, der Markendiskussion Zeit einzuräumen und ein Umfeld zu bereiten, in dem alle Beteiligten sich mit diesem nicht alltäglichen Projekt sicher fühlen. Es ist die Chef:innenetage, der die kommunikative Aufgabe zukommt, die Beweggründe für das Projekt und die zu erwartenden Vorteile für jeden Bereich in die Unternehmung zu tragen. Denn Grundlagen für die Markenarbeit zu entwickeln ist kein kleines Nebenprojekt und führt selbst eingespielte Organisationen auf unsicheres Terrain. Um alle davon zu überzeugen, diesen Weg zu beginnen, braucht es die ernsthafte Aufforderung zum Dialog und ein gemeinsames Verständnis für die Dringlichkeit des Wandels. Das sollte von der Führung ausgehen.

Wandel braucht Dringlichkeit

Vor allem in größeren Organisationen ist die Bereitschaft für Veränderungen ohne weiteres Zutun meist gering. Wie lässt sie sich wecken? Wie lässt sich die für die Markenarbeit so notwendige Dringlichkeit für den Wandel erzeugen?

Zum einen, indem Markenmacher:innen dafür sorgen, dass alle Verantwortlichen immer und immer wieder mit der Realität der Marke konfrontiert werden. Also Führungskräfte und Mitarbeiter:innen an die

Kontaktpunkte der Marke zu bringen und in Kontakt mit Nutzer:innen. Ganz gleich ob live, mithilfe gesammelter Stimmen der Kund:innen oder durch Expert:innen-Bewertungen des Nutzungserlebnisses. Daten und Fakten über die Nutzung, den Markt und den Wettbewerb zusammentragen und bereitstellen. Jedes Mittel ist recht, um die Organisation und vor allem den Führungskreis Erfahrungen mit dem Erlebnis der Marke sammeln zu lassen. Zum anderen geht es darum, in den Dialog über diese Erfahrungen zu kommen und gemeinsame Erkenntnisse abzuleiten. So kann eine geteilte Auffassung über die Dringlichkeit des Wandels entstehen, konkrete Projekte formuliert und in die Umsetzung gebracht werden.

In Dialog kommen, im Dialog bleiben

Damit Marke machen gelingt, muss die Organisation darüber reden, reden, reden. Immer und immer wieder. Denn nur wenn das Thema Marke intern konstant im Gespräch ist, wird auch aktiv entlang ihrer Vorgaben gearbeitet. Auch diese Erkenntnis ist eigentlich trivial, doch die praktische Erfahrung zeigt, dass diese aktive Kommunikation nach innen mindestens um den Faktor 10 unterschätzt wird. Noch immer dominiert in vielen Unternehmungen die Ein-Weg-Kommunikation, in dem »Verkünden« als Standard für die Verbreitung von Informationen und Entscheidungen gilt. Doch informiert sein heißt noch nicht verstanden haben. Und verstanden haben heißt noch nicht befähigt, geschweige denn bereit zu sein, das Verstandene jetzt auch umzusetzen. Dafür braucht es wirkliche Dialoge und offene Interaktionen, sowohl zwischen Führungskräften und Mitarbeiter:innen als auch zwischen den einzelnen Bereichen der Organisation. Und weil es in der Regel nicht von selbst dazu kommt, gilt es, diesen Austausch systematisch zu initiieren und zu fördern. Wer Veränderung ankündigt, muss sich entsprechend verhalten. »Walk the Talk« lautet das Schlagwort. Denn bevor Mitarbeiter:innen sich engagieren oder gar Opfer bringen, schauen sie sehr genau hin, ob das Verhalten ihrer Führung auf das Ziel einzahlt.

Marke bedeutet, Dinge anders zu machen und das Vorgehen zu verändern. Und immer geht Wandel einher mit Verunsicherungen. Was passiert, wenn wir Bewährtes abschaffen? Was, wenn das Neue nicht funktioniert? Wer trägt die Verantwortung für das Unerprobte? Darum braucht – wie für jede Transformation – auch Marke die Bereitschaft der Organisation zu Versuch und Irrtum. Diese Haltung ist Voraussetzung, um gemeinsam Neues zu erproben und verstetigen.

Die Aufgabe an Markenmacher:innen lautet daher, ihr Zukunftsbild systematisch zu wiederholen, wiederholen und wieder zu wiederholen. Nicht strategisch verkopft mit komplexen Charts, sondern in klarer Sprache und mit alltagsnahen Worten, Bildern und Geschichten. Dabei immer Rückfragen einfordern und Einwände zulassen. Eben nicht verkünden, sondern miteinander sprechen. Und damit nach und nach Herzen und Köpfe der Organisation für das Projekt Marke gewinnen.

Bau rasche Erfolge

Niemand formulierte es schöner als der Schweizer Pfarrer und Poet Kurt Marti, als er schrieb: »Wo kämen wir hin, wenn alle sagten, wo kämen wir hin, und niemand ginge, um zu schauen, wohin man käme, wenn man ginge.« Was er da beschreibt, ist die Notwendigkeit, den ersten Schritt zu tun. Den Beweis anzutreten, dass ein vormals nicht verfolgbar scheinender Weg eben doch erfolgreich beschritten werden kann. Und das den Horizont erweitert sowie Zuversicht spendet. Für alle, die bislang zaudernd vor der Aufgabe stehen, ebenfalls diesen Weg einzuschlagen.

Um Marke zu machen, braucht es diese ersten Schritte. Leuchtturm-Maßnahmen, die den für alle sichtbaren Beweis antreten, dass das beschlossene Zukunftsbild tatsächlich funktionieren wird. Erste Erfolge, aus denen das Momentum für die nächsten, vielleicht auch eher unsichtbaren und langfristigen Schritte entsteht. Denn Erfolge sind die Energie, der Motor und die Schubkraft für den Prozess. Und sind das wirksamste Mittel, um Skeptiker verstummen zu lassen. Jürgen Kindervater, der frühere Kommunikationschef der Deutschen Telekom und spätere Gründer einer Markenberatung, in der Lucas arbeitete, wurde nie müde daran zu erinnern: »Gwinner, denken Sie dran: Nichts ist erfolgreicher als der Erfolg.«

Worauf es zu achten gilt, um solche Erfolge entstehen zu lassen, beschreibt der US-Autor Derek Sivers exzellent als First-Follower-Prinzip. Darin arbeitet er heraus, dass es neben den mutigen Anführer:innen, die ein neues, anderes Verhalten vorleben, vor allem auf die ersten Personen ankommt, die darauf einsteigen und der neuen Richtung sichtbar folgen. Er empfiehlt, auf diese »First Follower« besonders acht zu geben, da erst sie es sind, die aus einer spinnerten Idee eine verfolgenswerte Initiative machen. Eine wunderbare und zudem sehr unterhaltsame Erläuterung dazu findet, wer auf YouTube nach »First Follower Derek Sivers« sucht.

Da sichtbare Erfolge so eine große Rolle spielen, sollten Markenmacher:innen im Anschluss an die sorgfältige Strategiearbeit einerseits direkt beginnen, erste Pilotprojekte mit hoher Sichtbarkeit und Wirkung zu starten. Und andererseits auch konkrete Pläne zum Erreichen längerfristiger Ziele zu erstellen. Und dafür zu sorgen, dass alle Kolleg:innen regelmäßig über den aktuellen Stand dieser Arbeiten informiert sind. Denn nur ein klarer Prozess, der das ganze Kollektiv der Unternehmung immer wieder einbindet und in den Austausch bringt, stellt sicher, dass die Arbeit am Zukunftsbild nicht langsam nachlässt. Nur »erhoffen«, dass das Zukunftsbild wirkt und sich durch das Kleinklein des Tagesgeschäfts durchwursteln reicht nicht, um Marke zu realisieren. Dafür braucht die Organisation Erfolgserlebnisse, die mit dem Zukunftsbild verknüpft werden.

Der Fensterbauer Finstral zählte bereits seit Jahren zu den Anbietern der hochwertigsten Produkte im Markt, als er sich entschied, künftig konsequent den Weg zur führenden Premiummarke Europas einzuschlagen. Wie sehr das den Blickwinkel und die interne Kultur verändert, wurde selbst vielen der direkt am Strategieprojekt Beteiligten erst bewusst, als sie die ersten umgesetzten Maßnahmen erleben konnten. Ein hochwertiges Magazin, das die Philosophie des Fensterbauens in elegantem Look auf gutem Papier mit Top-Autor:innen und Interviews in Szene setzte, öffnete die Augen für den veränderten Blickwinkel auf die Unternehmung. Ein neuer Messestand machte die neue Welt der Marke erstmals im Raum begeh- und erfahrbar. Und die ersten Finstral Studios, nach detailliertem Konzept aufgebaute Schauräume, brachen schließlich das Eis. Gut sieben Jahre sowie europaweit über 350 Studios und ein grundlegend weiterentwickeltes Sortiment später zweifelt weder inner- noch außerhalb der Unternehmung irgendjemand am Premiumanspuch der Marke Finstral.

Jede Organisation weiß, wie Wandel gelingt

»Wisdom is in the people« pflegt Markus Webhofer vom Institute of Brand Logic zu sagen. Und er hat recht. Denn wer in Organisationen hineingeht, um zu ermitteln, wie und in welche Richtung dort Transformationsbedarf besteht, stellt immer wieder fest: Die Leute wissen es. Mitarbeiter:innen und Führungskräfte können in aller Regel klar und detailliert benennen, was in der Unternehmung bereits gut läuft – also ein Erfolgsmuster ist – und wo die zu bearbeitenden Schwachstellen zu finden sind – die Themen, welche wir »Energiebruch« nennen, weil es genau das ist, was sie der Marke zufügen. Es gelingt den meisten Mitarbeiter:innen also recht gut selbst zu erkennen, worauf sich bauen ließe und was besser umzubauen wäre – schließlich beschäftigen sie sich ja den ganzen Arbeitstag mit ihrer Unternehmung. Überraschend ist es nur, weil die vorherrschende Meinung vor allem über bereits ältere, vielleicht etwas verkrustete Unternehmungen eher lautet: »Die haben doch alle keine Ahnung wie das heutzutage eigentlich läuft, da muss mal von außen jemand kommen und richtig aufräumen.«.

Unsere Erfahrung ist, dass es Unternehmungen selten am Wissen fehlt, wohl aber an der Befähigung, Wandel aktiv anzustoßen, zu orchestrieren und zu moderieren. Überspitzt ließe sich sagen: Im Gespräch an der Kaffeemaschine sind alle einig, was schiefläuft, nur weiß keiner, wer das verändern darf und welche Richtung die richtige ist. Hat sich die Organisation ein gemeinsames Zukunftsbild erarbeitet und kommt systematisch in den Dialog über dessen Umsetzung, hat sie wesentliche Hindernisse für eine Transformation überwunden. Dann wird das Wissen der Mitarbeiter:innen zur Stärke. Denn jetzt können sie es an den Vorgaben des Markenprofils spiegeln, sie kennen die gemeinsam gesteckten Ziele und können nun selbst erschließen, welchen konkreten Beitrag sie zu deren Erreichung leisten könnten. Wenn nun noch Raum geschaffen wird, um Vorschläge gemeinsam zu diskutieren und entscheiden, kann die Verantwortung für die Umsetzung sehr gut in der

Organisation selbst übernommen werden. Die Energie dafür dürfte da sein, externe Moderation und Expertise bleibt hilfreich, aber Externe als Antreiber braucht es dann kaum noch.

Mach Marke zum Teil deiner Kultur

Ist jede Unternehmung imstande, eine starke Marke zu etablieren? Was hat die Stärke einer Marke mit der Beschaffenheit und dem Zustand der jeweiligen Unternehmung zu tun? Malen wir uns zur Veranschaulichung zwei Unternehmungen aus, eine mit einem positiven und die andere mit einem negativen Charakter. Zwei Extrempositionen, die sich bipolar gegenüberstehen, aber deren einzelne Merkmale sich in vielen Organisationen wiederfinden. Die Kultur der »vergifteten, negativen« Unternehmung charakterisieren wir wie folgt: »Angst vor Fehlern, Missgunst, Mobbing, Macht- und Intrigenspiele, Schuldzuweisungen, Vorgaben aus der Hierarchie, Ellbogentechnik, Unehrlichkeit, Mikropolitik, kleinliche Kontrollen, Arbeit ohne Sinn, keine Identifikation, Anweisungen, die man nicht versteht, kein Wir-Gefühl, energieraubende Arbeitsplätze, Chef:innen, die man ablehnt, Arbeit, die krank macht, etc.« Niemand möchte in einer solchen Unternehmung arbeiten, dennoch gibt es sie, zumindest in Mischformen. Aus solchen Unternehmenskulturen resultieren mit Gewissheit Mittelmaß, Unproduktivität und Misserfolg, abseits anderer Nebenwirkungen für Mitarbeiter:innen und Partner. Demgegenüber steht die »lachende, positive« Unternehmung mit folgenden kulturellen Eigenschaften: »Mitarbeiter:innen zeigen Eigeninitiative und Engagement, erhalten Wertschätzung, Respekt und Anerkennung. Freundlichkeit, Humor und gute Laune sind an der Tagesordnung. Man informiert sich gegenseitig, kommuniziert offen und konstruktiv, löst Probleme gemeinsam, identifiziert sich mit der Unternehmung, ist Teil des Ganzen, erfährt Sinn, bewältigt Herausforderungen, bringt sich ein, teilt die Werte, wird inspiriert durch Menschen und das Arbeitsumfeld, entwickelt sich weiter, wird gefordert, stellt die Kund:innen in den Mittelpunkt, freut sich über Erfolge, ist stolz auf Resultate.« Unternehmungen dieser Art haben Energie, sie strotzen vor Agilität und Engagement zur Zufriedenheit aller.

Nun ist es so: Marken werden von Menschen gemacht. Und die Kultur, in der sie arbeiten, hat großen Einfluss auf ihr Engagement und die Leistungsbereitschaft ihrer Kolleg:innen und Führungskräfte. Und unsere kleine Gegenüberstellung macht nachvollziehbar, dass der Zustand einer Unternehmenskultur enormen Einfluss auf den Zustand der Marke hat. Marke ist die Außenseite, die nach außen gestülpte Kultur, das Gesicht der Unternehmung, das im Kontakt mit Kund:innen wirkt. Die Kultur haucht sozusagen durch die Marke durch. Innerlich gekündigt habende, frustrierte Mitarbeiter:innen erbringen keine Spitzenleistungen. Und das wird in aller Regel nicht nur atmosphärisch erfahrbar. Konsumgüter, die schön verpackt im Regal des Handels stehen, können mögliche gravierende Kulturdefizite zumindest eine gewisse Zeit verbergen. Aber wenn Mitarbeiter:innen in Kontakt mit Kund:innen stehen, wie etwa in reinen Dienstleistungsunternehmungen oder der Industrie, wird dieser Effekt spürbar. Der Zustand der Unternehmung reflektiert den Zustand der Marke. Kultur und Marke bedingen sich wechselseitig.

Es ist zweifellos herausfordernd, eine dynamische Kultur zu etablieren, in der Mitarbeiter:innen im Sinne der Marke erfinderisch, innovativ und wendig agieren. Aber es ist alternativlos. Rasche, mitunter revolutionäre Veränderungen im Marktumfeld stellen immer höhere Anforderungen an die Lern- und Wandlungsfähigkeit von Organisationen. Unternehmungen, die eine positive Energie haben, verfügen nachweislich über eine höhere Performance und setzen Lernprozesse rascher in Gang. Kein Wunder, schließlich dürften sich in unserer positiv charakterisierten Unternehmung die engagierteren, lernfreudigeren und leistungswilligeren Mitarbeiter:innen finden. Die positive Energie beeinflusst Motivation und Willen, Marke und Unternehmungen zu stärken und Erfolge zu generieren. Ein sich selbst verstärkender Kreislauf. Die Kraftquelle der Marke liegt somit im Inneren der Unternehmung. Dort wird aus ihr geschöpft, von dort aus kann sie sich entfalten oder auch zerstört werden. Letzteres macht in aller Regel nicht der Wettbewerb, sondern die Unternehmung selbst. Fehleinschätzungen von Markt und Wettbewerb, Selbstzufriedenheit des Managements und Wachstumsgier ohne Profit können fatale Folgen haben.

Arbeit an der Marke ist Arbeit an der Kultur der Unternehmung. Zwischen ihnen besteht ein enger, wechselseitiger Zusammenhang. Ein Markenbild zu entwerfen, das in der Kultur der Unternehmung keine Deckung findet, hinterlässt nur verbrannte Erde. Wer sich darüber hinwegsetzt, lernt schnell, dass das nicht funktioniert, weder in der Unternehmung noch am Markt. Die Kultur eines Discounters wie Primark oder Lidl ist anders als jene eines Qualitäts- oder sogar Innovationsführers, etwa Hilti oder 3M. Bei solch groben kulturellen Kategorien ist das leicht zu erkennen und verstehen, aber in der Praxis sind kulturelle Facetten weit subtiler. Markenmacher:innen benötigen echtes Feingefühl für das kulturell Machbare, damit das erarbeitete Markenprofil kein unerfülltes Wunschbild bleibt. Marke und Kultur in Symbiose zu führen, ist eine Meisterleistung, die Geduld und Wachsamkeit erfordert.

Greifen Marken- und Unternehmenskultur ineinander, ist das ein hervorragender Nährboden für Markenstärke. Aus diesem Grund ist es so wesentlich, eine Marke achtsam und konsequent nach innen zu führen. Mitarbeiter:innen und Führungskräfte sind das Herz einer gelebten Markenkultur. Substanzielle Markenarbeit geht unweigerlich mit Kulturarbeit einher. Das eine ist ohne das andere kaum machbar.

Was aber ist Kultur? Wie zeigt sie sich? Wie wird sie wirksam? Der Kulturwissenschaftler Prof. Klaus P. Hansen formuliert dazu, dass Kultur in der Wiederholung erfahrbar ist. In dem, was ein soziales System laufend produziert und hervorbringt, etwa in Wahrnehmungs- und Kommunikationsmustern, in Verhaltensweisen und Entscheidungsprozessen, in Artefakten wie Symbolen, Ritualen etc. Dem kulturell Beobachtbaren liegen dabei tiefere, oft unbewusste Annahmen, verwurzelte Weltbilder und erlernte Überzeugungen zugrunde, die ständig am Werk sind und ihre Arbeit verrichten. Wenn wir uns also vergegenwärtigen, wie grundlegend die Kultur nach dieser Definition Gruppen und

Organisationen beeinflusst, dann können wir ermessen, was der Ökonom Peter Drucker mit seinem wohl berühmtesten Zitat meinte: »Culture eats strategy for breakfast.«

Organisationsentwicklung und Markenarbeit gehen Hand in Hand

Die Kultur einer Organisation kann die Umsetzung eines beabsichtigten Markenbildes verhindern oder ermöglichen. Der Fit ist entscheidend. Denn Kultur ist keine abstrakte Wolke, sondern das Ergebnis unternehmerischen Handelns im Großen wie im Kleinen. Wer Marke macht, will das Verhalten der Mitarbeiter:innen in Richtung des gemeinsamen Ziels bewegen – und beeinflusst damit unweigerlich die Kultur der Unternehmung. Markenmacher:innen sollten daher kulturprägende Merkmale ihrer Organisation systematisch in den Blick nehmen, kritisch prüfen und gegebenenfalls aktiv modellieren.

Wofür steht die Unternehmung? Welches Zukunftsbild hat die Organisation? Können sich die Mitarbeiter:innen damit identifizieren? Welche Strategie wird verfolgt? Werden diese Inhalte von oben herab verkündet, oder sind sie Ergebnis eines partizipativen Prozesses? Welcher Führungsstil wird gepflegt? Welchen Themen schenken Führungskräfte ihre Aufmerksamkeit – und welchen nicht? Worauf achten sie? Wie werden Entscheidungen getroffen? Welche Rolle spielen die Nutzer:innen, Kund:innen, Partner etc.? Wie kommunizieren sie miteinander? Wie laufen Besprechungen und Termine ab? Werden schwierige Fragen mit Integrität behandelt? Nach welchen Kriterien werden Mitarbeiter:innen befördert? Wer wird befördert? Wie vereinbart die Organisation untereinander Termine, Meilensteine und Ziele? Wie wird in der Unternehmung Leistung und Performance gemessen? Wie wird entlohnt? Welchen Stellenwert hat die Ausbildung? Wie sehen die Strukturen aus? All diese Fragestellungen und Themen haben enormen Einfluss auf das Denken, Empfinden und Verhalten von Mitarbeiter:innen.

Wer substanziell Marke machen will, darf also vor der ganzheitlichen Betrachtung und Entwicklung der Organisation und ihrer Kultur nicht zurückschrecken. Auch das ist gemeint, wenn wir im Kapitel »Wirkung« davon sprechen, dass Marke der ganze Kuchen ist, nicht nur der Zuckerguss. Und gerade weil Marke so tief in die Strukturen einer Unternehmung reicht, eignet sich das Marke machen so gut zur Entwicklung einer resilienten Organisation, die wirklich substanzielle Erfolge baut. → Seite 49

Die Transformation zu einer echten Markenkultur ist keine einfache Aufgabe und erfordert Geschick. Ohne fokussierte, geeignete Prozesse der Organisationsentwicklung ist das nicht machbar. Organisationsentwicklung und Markenarbeit sind als komplementäre Disziplinen zu sehen. Das eine ist ohne das andere kaum machbar. Führung über Marke braucht das Zukunftsbild zur Führung der Unternehmung auf der einen und die Organisationsentwicklung zur Transformation der Unternehmung auf der anderen Seite.

Dranbleiben: Marke dauert

Arbeit an der Marke führt in aller Regel nicht zu kurzfristigen Erfolgen. Es gibt durchaus schnell sichtbare Maßnahmen, die auch in der Lage sind, Mitarbeiter:innen und echte Fans zu begeistern, etwa eine Werbekampagne, ein neues Produkt oder ein neues Brand Design. Doch bis Veränderungen an den Kontaktpunkten wirklich im Image der Marke spürbar werden, gehen gut und gern ein bis zwei Jahre ins Land. Nachhaltiger Aufbau von Vertrauen bei Kund:innen, aber auch Mitarbeiter:innen und Partner:innen entsteht erst durch Konsistenz über einen längeren Zeitraum.

Es braucht also Geduld und Ausdauer, um das Zukunftsbild der Marke umzusetzen, sonst reißt der Faden. Und der reißt schnell: Es gibt unzählige Markenprojekte, in denen der Sieg zu früh verkündet wurde oder nach der Umsetzung erster Pilotmaßnahmen ein lähmender Post-Launch-Blues einsetzte. Oft nimmt auch schlicht die Dringlichkeit des

Themas ab und die Gründe für die Arbeit an der Marke sind nicht mehr präsent. Dann rücken andere Aufgaben in den Fokus und das Momentum geht verloren. Und das, obwohl noch keine relevanten, nachhaltigen Ergebnisse erreicht sind. Und nein, liebe Marketingexpert:innen und Kommunikationsdesigner:innen, ein verändertes Logo und eine neue Schriftart sind neue Schläuche für alten Wein, aber noch keine Marke.

Darum ist es wichtig, in der Unternehmung die Energie für das Thema immer wieder neu zu befeuern. Das heißt Erfolge immer wieder mit allen zu teilen und auch gemeinsam zu feiern. Nach absolvierten Etappen direkt neue konkrete Initiativen und Projekte zu starten. Marke machen heißt niemals locker lassen, für Sichtbarkeit der Initiativen in der Organisation sorgen, die Aufmerksamkeit hoch halten und aufkommende Widerstände aktiv angehen und überwinden. Es hilft, klare Ziele zu setzen und eindeutige Verantwortlichkeiten zu vergeben und regelmäßig Zwischenergebnisse zu verkünden. Erst lebendig gestaltete Prozesse und spürbare Resultate sorgen dafür, dass die Zukunft der Marke tatsächlich realisiert und erlebbar wird. Denn mit einer guten Strategie und ersten Erfolgen ist schon viel erreicht, aber eben noch nichts gewonnen. Nur wer Marke ernst nimmt, – im Alltag anwendet, testet, weiterentwickelt, darüber diskutiert und sich gegenseitig daran erinnert –, hat eine Chance, die gewünschte Wirkung zu erzielen.

Macht
Marke

Jetzt:
Macht!

Guter Ruf ist mächtig und machbar

Wir leben in bewegten Zeiten. Immer tiefer dringt der technische Wandel in unser aller Leben ein. Immer verstrickter werden die zahlreichen Krisen. Immer lauter erscheint die Kakofonie der auf uns einprasselnden Botschaften. Und was machen die Menschen? Sie reagieren zunehmend verunsichert auf die multiplen Veränderungen ihrer vertrauten Welt. Willkommen im Lebensgefühl Mitte der 2020er-Jahre.

Überforderung ist der Default-Modus unserer Zeit. Weshalb wir in diesem Buch über die Macht und Machbarkeit von Marke ein ausführliches Kapitel den Mechanismen der Öffentlichkeit des beginnenden → Seite 107 digitalen Zeitalters widmen. Denn für Marken:macherinnen ist es entscheidend zu verstehen, welche Veränderungen dort vor sich gehen – und was bleibt wie gehabt. Sicher ist, dass wir alle mehr Überforderungsbewältigungskompetenz brauchen – und dazu leisten wir mit diesem Buch einen Beitrag. Mit ihm setzen wir dem allgegenwärtigen Wandel entgegen, was sich eben nicht ändert. Worauf wir bauen, was wir nutzen und wie wir etwas unternehmen können. Denn auch in Zeiten erodierender Gewissheiten bleibt guter Ruf mächtig und machbar. Das Prinzip Marke funktioniert nach wie vor. Konsequent angewendet entfaltet es enorme Wucht und Wirkung für klare, attraktive Ideen. Denn in unserer immer komplexeren Welt vereinfacht Marke Entscheidungen: sowohl allen Menschen, die Angebote nutzen, als auch in Unternehmungen selbst. Das macht Marke zu einem der mächtigsten Werkzeuge unserer Zeit.

Vorausgesetzt, wir beschränken uns nicht darauf, sie nur in Konzept- und Strategiepapieren, Offsite-Workshops oder Schutzurkunden abzuhandeln. Nein, Marke musst du machen. Guter Ruf entsteht nicht aus schlauen Ideen, sondern aus wirklichen Leistungen, mit denen eine Unternehmung erlebbar wird. Erst durch sie bildet sich im Kopf der Menschen ein klares Bild der Marke. Nicht darüber brainstormen, sondern loslegen und machen entfesselt ihre Superkraft, die sich so exzellent für Unternehmungen nutzen lässt.

Und auch wenn wir auf den vorangegangenen Seiten zahlreiche Tricks und Kniffe fürs Marke machen zusammengetragen haben, können wir hier am Ende ruhig zugeben: Eigentlich ist Marke ganz einfach. Beantworte die Frage, was deine Unternehmung tun will (...nicht, was sie sein will). Und dann kümmere dich darum, das erlebbar zu machen. Lass sie zum größten Experten dieses Themas werden. Erfinde nicht ständig Neues, sondern bleib bei der Sache. Arbeite dich ein. Sei der Nerd. Konzentriere dich auf den Zweck, nicht auf seine Gestalt. In dieser Reihenfolge: Suche den Inhalt, finde die Form. Sei konsequent. Denn: Wirkung entsteht aus Konsequenz.

Schwer an diesem Plan ist nur, sich nicht kirre machen zu lassen. Der Sache treu zu bleiben. Immer vor Augen zu haben, wozu die Marke »Nein« sagt, denn gerade an dem, was sie weglässt, wird sie erkennbar. Darum ist »auch« für Marken ein Unwort, weil sich starke Marken klar entscheiden, statt Unentschlossenheit mit *Sowohl-als-auch* schön zu reden. Nicht kompliziert zu werden, ist eine erstaunlich anspruchsvolle Aufgabe. Doch wenn die Identität der Marke konkret formuliert vor dir liegt, heißt für Markenmacher:innen der wichtigste Job nur noch das Offensichtliche zu tun. Denn in Wahrheit ist das Offensichtliche radikaler als du denkst.

Das Offensichtliche ist radikaler als man denkt.

Es geht nicht darum, möglichst originell zu sein. Das Naheliegende ernst zu nehmen, entfaltet oft die erstaunlichste Wirkmacht.

Dank

Dass es dieses Buch gibt, verdanken wir Dirk. Er gab den Anstoß dazu und bewies anschließend die Ausdauer, Lucas vom Aufgeben abzuhalten. Dafür dankt er allen, die ihn ausdauernd und geduldig machen. Besonders den Kolleg:innen vom SZ-Institut.

Ebenfalls undenkbar wäre dieses Buch ohne Stefan Sippell, der Dirk und Lucas überhaupt erst zusammengebracht hat – und allen beiden nicht nur Freund, sondern auch Partner in Crime bei zahlreichen Projekten ist. Dass wir Einblick in reale, praktisch angewandte Markenprofile geben dürfen, verdanken wir Joachim Oberrauch von Finstral, Marcus Wolsdorf von Finanztip, Dr. Christiane Düts von DerFreitag, Gregory von Abendroth, Markus Hummelsberger, Carola Windlin und Tanja Sitzer von 1000 Satellites, sowie Michael Ahlf und Xaver Daublebsky vom Make Studio. Für weitere Praxisbeispiele geht der Dank an Johannes Holzleitner von Interspar und Stefan Karle von DoPchoice. Sowie Hanno Renner und Roman Schumacher von Personio, die zustimmten, dass wir einen detaillierten Einblick in die erste Version ihrer Kommunikationsstrategie geben dürfen.

Lucas dankt zudem den vielen, vielen Menschen von und mit denen er die in diesem Buch vorgestellten Methoden in vielen Jahren gelernt, debattiert, geschmirgelt und angewendet hat: Schnuppe und Philipp, Caspar und Alice, Christoph Kappes, Jürgen Häusler, Georg Rabbe, Ingo Gebhardt, Markus Klingelhöfer, Carlo Günther, Thomas Escher, Mulle, Michael Noli, Andreas Heim, Henry Voßiek, Wolfgang Rigger, Christoph Ettlmayr, Alex Pesjak, Martina Zimmermann, Rebecca Wahler, Flo Bauer, Michael Ahlf … und noch so viele mehr. Ganz besonderer Dank geht dabei an Jörg Zintzmeyer (damals Interbrand Zintzmeyer & Lux), Jürgen Kindervater (damals Brandoffice) und Markus Webhofer (damals wie heute Institute of Brand Logic) … sowie Joachim und der ganzen Familie Oberrauch bei Finstral, für ihr unerschütterliches Vertrauen in konsequente Markenarbeit. Und weil ohne sie sowieso alles vollkommen undenkbar wäre, geht Lucas' allergrößter Dank zu guter Letzt an Susanne, Ella, Henry und Luisa: Ihr seid die Besten!

Nicht einmal halb so schön wäre dieses Buch ohne Pauline Altmann, die unser Manuskript aufs Appetitlichste in Szene setzte sowie Lilo de Boni und Hannah Antes, die in bewundernswerter Ausdauer beim Satz alles ins Reine brachten. Abschließend danken wir Karin und Bertram Schmidt-Friderichs, deren Unternehmung ganz im Sinne dieses Buches zu den bestpositionierten Fachverlagsmarken der Republik gehört. Was für eine Ehre, hier erscheinen zu dürfen.

FOTO: MARTIN FRIEDRICH

Die Autoren

DIRK VON GEHLEN ist Autor, Journalist und Vortragsredner. Der Diplom-Journalist arbeitet bei der Süddeutschen Zeitung. Anfangs leitete er die Redaktion von jetzt.de. Zwischenzeitlich verantwortete er Innovation und Social Media und entwickelte u. a. das Magazin Süddeutsche Zeitung Langstrecke und die Newsletter Klimafreitag und Minutenmarathon. Inzwischen ist er »Director Think Tank« am SZ-Institut. In seinen Büchern beschäftigt er sich mit den populär kulturellen Phänomenen der Gegenwart: Mashup, Versionen, Meta, Meme, dem Shruggie ¯_(ツ)_/¯ und vielem mehr. Auch Laufbücher, die Gebrauchsanleitung für das Internet und eine Anleitung zum Unkreativsein hat er bereits geschrieben. Ein Buch zum Thema Marke fehlte da noch.

LUCAS VON GWINNER wollte schon mit sechzehn Markenberater werden. Das duale BWL-Studium absolvierte er parallel bei Interbrand Zintzmeyer & Lux. Anschließend arbeitete er jahrelang in führenden Markenagenturen und -beratungen für Unternehmungen wie BMW, Loewe, DLR und Interspar Österreich, sowie frei für Start- und Scale-ups, etwa Personio, Finanztip, PEIQ und DoPchoice. 2017 wechselte er als Leiter Marketing und Digital zu Finstral, einem der führenden Fensterhersteller Europas. Von der ehrgeizigen Strategie bis zu den operativen Niederungen ist ihm kein Aspekt der Markenarbeit fremd. Nebenberuflich berät er noch immer. Mit diesem Buch zum Thema Marke erfüllt sich für ihn ein jahrelanger Traum.